特色乳相关标准与规范系列丛书

羊乳
相关标准与规范

◎ 刘慧敏　赵艳坤　郑　楠　主编

中国农业科学技术出版社

图书在版编目(CIP)数据

羊乳相关标准与规范 / 刘慧敏，赵艳坤，郑楠主编. --北京：中国农业科学技术出版社，2024.3

（特色乳相关标准与规范系列丛书）

ISBN 978-7-5116-6663-5

Ⅰ.①羊… Ⅱ.①刘…②赵…③郑… Ⅲ.①羊奶-食品标准-中国 Ⅳ.①TS252.2-65

中国国家版本馆 CIP 数据核字（2024）第 024213 号

责任编辑	金 迪
责任校对	李向荣
责任印制	姜义伟　王思文

出 版 者　中国农业科学技术出版社

　　　　　北京市中关村南大街 12 号　　邮编：100081

电　　话　（010）82106625（编辑室）　　（010）82106624（发行部）

　　　　　（010）82109709（读者服务部）

网　　址　https://castp.caas.cn

经 销 者　各地新华书店

印 刷 者　北京建宏印刷有限公司

开　　本　185 mm×260 mm　1/16

印　　张　10.75

字　　数　260 千字

版　　次　2024 年 3 月第 1 版　2024 年 3 月第 1 次印刷

定　　价　68.00 元

《羊乳相关标准与规范》
编委会

前　　言

近年来，世界羊养殖数量持续增长。截至 2022 年底，我国山羊、绵羊存栏量分别达到 13 224.3 万只和 19 403.0 万只，羊乳产量总体呈现增长态势。随着羊乳产量及市场份额的不断发展，其消费也快速增长，产业发展对支撑国家粮食安全、乡村振兴、人类健康具有重要战略意义。

羊乳具有特殊的营养特性、保健功能和加工特性，但长期以来缺少科技支撑，导致其食用功能不清、市场定位不准和产业优势不强，没有闯出特色之路，发展后劲严重不足，缺乏质量检测标准越来越成为制约羊乳产业发展的关键技术难题。

为进一步做好羊乳生产标准化工作，中国农业科学院北京畜牧兽医研究所奶业创新团队系统梳理了我国现有羊乳各类标准 21 项，包括产品标准 11 项、养殖管理规范 8 项、检测方法 2 项。希望为相关从业人员全面了解羊乳生产提供一些依据和参考，为规范羊乳产业发展提供一些技术支撑。

本书的出版得到了农业农村部农产品质量安全监管司、农业农村部奶产品质量安全风险评估实验室（北京）、农业农村部奶及奶制品质量检验测试中心（北京）、农业农村部奶及奶制品质量安全控制重点实验室、全国畜牧业标准化技术委员会牛业奶业工作组及国家奶业科技创新联盟的大力支持，也得到了国内众多领导和专家的帮助和指导，在此一并表示感谢。

编　者

2023 年 12 月

目　录

一、羊乳相关
标准解读

（一）羊乳标准体系分析

1. 整体情况

截至目前，羊乳相关标准共计 21 项，覆盖产品标准、养殖管理规范、检测方法 3 个方面。其中，产品标准 11 项、养殖管理规范 8 项、检测方法 2 项（图 1-1）。按照标准类型划分，行业标准 2 项、地方标准 7 项、团体标准 10 项、企业标准 2 项（图 1-2）。

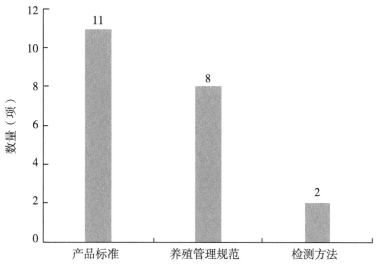

图 1-1　不同内容标准数量

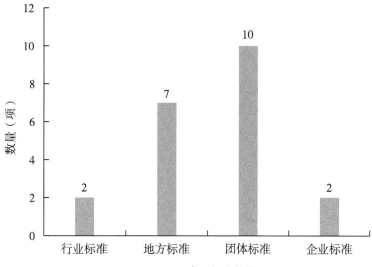

图 1-2　不同类型标准数量

2. 产品标准分析

截至目前，共有 11 项产品标准。主要包含生乳标准 3 项、巴氏杀菌乳标准 1 项、灭菌乳标准 2 项、调制乳标准 2 项、发酵乳标准 1 项、乳粉标准 1 项、超滤乳标准 1 项（图 1-3）。按照标准类型划分，团体标准 9 项、企业标准 2 项（图 1-4）。

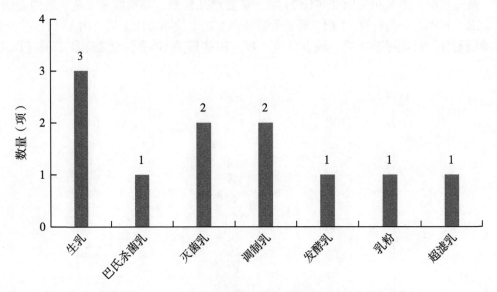

图 1-3　不同产品标准数量

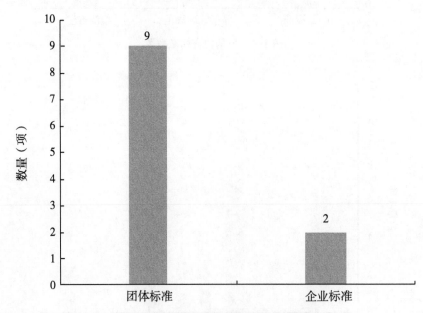

图 1-4　产品标准中不同类型标准数量

3. 养殖管理规范分析

截至目前，共有 8 项养殖管理规范类标准。主要包含行业标准 1 项，地方标准 7 项（图 1-5）。从饲养管理、养殖技术、饲喂技术、羔羊饲喂技术、羊泌乳期饲喂技术等方面进行了规定。

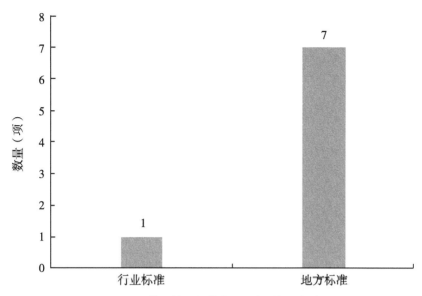

图1-5　养殖管理规范中不同类型标准数量

4. 检测方法标准分析

截至目前，共有2项产品检测方法标准，分别为行业标准《羊奶真实性鉴定技术规程》（NY/T 3050—2016）和团体标准《乳及乳制品中牛（家牛、牦牛和水牛）和羊（山羊和绵羊）源性成分定性检测方法　实时荧光PCR法》（T/CNHFA 002—2022），均为羊乳真实性鉴定技术。

（二）我国生羊乳产品标准主要指标比较分析

山羊和绵羊分属于羊亚科（Caprovinae）的山羊属（Capra）和绵羊属（Ovis）。山羊乳是由健康乳山羊分泌的脂肪含量高于2.5%，非脂乳固体含量高于7.5%的正常乳汁（不包括初乳）。山羊乳的基本成分及各种营养元素配比均与人乳十分相近，营养丰富且易于吸收，是现代人类健康的营养佳品，有"奶中之王"之称。绵羊乳口感细腻，富含蛋白质、脂肪、乳糖、矿物质和维生素等营养成分。绵羊乳的总乳固体、脂肪、蛋白质和乳糖含量均高于山羊乳，有"乳中新贵"之称。

1. 我国生羊乳产品标准

我国现阶段发布的生山羊乳标准是两个团体标准，分别是陕西省乳品工业协会发布的T/SRX 003—2022和内蒙古标准化协会发布的T/IMAS 040—2022。绵羊生乳标准是企业标准Q/GSYS0001S—2021。见表1-1。

T/SRX 003—2022的内容分为范围、规范性引用文件、术语与定义、技术要求（包括感官要求、理化指标、微生物限量、污染物限量、真菌毒素限量、农药残留限量和兽药残留限量）、检验方法。T/IMAS 040—2022的内容分为范围、规范性引用文件、术语与定义、技术要求（包括感官要求、理化指标、功能性物质、微生物和体细胞限量、特征性物质、污染物限量、真菌毒素限量、农药残留限量和兽药残留限量、其他营养物质含量）、运输、贮存。Q/GSYS0001S—2021内容分为范围、规范性引用文件、术语和定义、技术要求（包括感官要求、理化指标、有害物质限量、微生物限量、农药残留限量和兽药残留限量）、生产过程中的卫生要求、检验规则、运输和贮存。

表1-1 我国现行生羊乳标准

序号	类型	标准号	标准名称	发布单位	发布时间	实施时间
1	团体标准	T/SRX 003—2022	生山羊乳	陕西省乳品工业协会	2022-09-01	2022-10-01
2	团体标准	T/IMAS 040—2022	生山羊乳	内蒙古标准化协会	2022-06-13	2022-06-14
3	企业标准	Q/GSYS0001S—2021	绵羊生乳	甘肃元生农牧科技有限公司	2021-01-08	2021-01-08

2. 各指标比较分析

（1）定义

T/SRX 003—2022中生山羊乳的定义是从健康泌乳期的奶山羊乳房中挤出的无任何提取或添加的常乳。T/IMAS 040—2022中奶山羊生乳的定义是从符合国家有关要求的健康奶山羊乳房中挤出的无任何成分改变的常乳。两个标准均规定产羔后7天的初乳、应用抗生素期间和休药期间的乳汁、变质乳不应用。Q/GSYS0001S—2021中绵羊生乳的定义是从符合国家有关要求的健康绵羊乳房中挤出的无任何成分改变的常乳。产犊后7天的初乳、应用抗生素期间和休药期间的乳汁、变质乳不应用作生乳。

（2）范围

T/SRX 003—2022适用于生山羊乳，不适用于即食生山羊乳。T/IMAS 040—2022适用于奶山羊生乳，不适用于即食奶山羊生乳。Q/GSYS0001S—2021中绵羊生乳的定义是经前药浴、擦拭乳房、挤弃观察头三把奶、挤奶、后药浴、原乳过滤、冷却（2~4℃）、贮乳等工序生产的无任何成分改变的生乳，不适用于即食生乳。

（3）技术要求

T/SRX 003—2022和T/IMAS 040—2022均规定了技术要求，均有感官要求、理化指标、污染物限量、真菌毒素限量、农药和兽药残留限量。T/IMAS 040—2022中增加功能性物质、特征性物质、微生物和体细胞限量及其他营养物质（氨基酸、脂肪酸、矿物质、维生素）。Q/GSYS0001S—2021中包含感官要求、理化指标、有害物质限量、微生物限量、农药残留限量和兽药残留限量。

①感官要求

T/SRX 003—2022、T/IMAS 040—2022和Q/GSYS0001S—2021中均规定了色泽、滋气味、组织状态，只是在表述上有所不同（表1-2）。

表1-2 生羊乳感官指标

标准号	色泽	滋气味	组织状态
T/SRX 003—2022	呈均匀一致乳白色	味道稍甜微咸，具有山羊乳特有的风味，无异味	呈均匀一致液体，无凝块、无沉淀、无正常视力可见异物
T/IMAS 040—2022	呈乳白色或微黄色	具有山羊乳固有的香气，无异味	呈均匀一致液体，无凝块、无沉淀、无正常视力可见异物
Q/GSYS0001S—2021	呈乳白色或微黄色	具有乳固有的香味、无异味	呈均匀一致的液体，无凝块、无沉淀、无正常视力可见异物

在色泽上，T/SRX 003—2022 规定呈乳白色，T/IMAS 040—2022 和 Q/GSYS0001S—2021 规定呈乳白色或微黄色。

在滋味和气味上，T/SRX 003—2022、T/IMAS 040—2022 和 Q/GSYS0001S—2021 均规定了具有山羊乳或乳特有的风味，无异味。T/SRX 003—2022 还增加味道稍甜微咸的表述。

在组织状态上，T/SRX 003—2022、T/IMAS 040—2022 和 Q/GSYS0001S—2021 三个标准的表述一致，均要求呈均匀一致液体，无凝块、无沉淀、无正常视力可见异物。

②理化指标及限量值

T/SRX 003—2022、T/IMAS 040—2022 和 Q/GSYS0001S—2021 理化指标中均规定了相对密度、脂肪、蛋白质、非脂乳固体、杂质度。T/SRX 003—2022 和 T/IMAS 040—2022 中均有酸度限量值的规定，Q/GSYS0001S—2021 和 T/IMAS 040—2022 中规定冰点的限量值，且规定所有理化指标要在生山羊乳挤出 3 h 后检测。T/SRX 003—2022 中增加了生山羊乳的特征指标：氯、钠钾比和牛磺酸的限量值（表1-3）。

表1-3 生羊乳标准理化指标

指标	T/SRX 003—2022	T/IMAS 040—2022	Q/GSYS0001S—2021
相对密度/（20℃/4℃）	≥1.027	≥1.027	≥1.027
脂肪/（g/100 g）	≥3.10	≥3.5	≥6.0
蛋白质/（g/100 g）	≥2.80	≥3.2	≥5.0
非脂乳固体/（g/100 g）	≥8.10	≥8.5	≥11.0
酸度/°T	6~13	6~13	—
杂质度/（mg/kg）	≤4.0	≤4.0	≤4.0
冰点/℃	—	−0.500~−0.560	−0.500~−0.70
氯/（mg/100 g）	125~225	—	—
钠钾比	1∶2~1∶6	—	—

（续表）

指标	T/SRX 003—2022	T/IMAS 040—2022	Q/GSYS0001S—2021
牛磺酸/（mg/100 g）	5～10	—	—

a. 相对密度

T/SRX 003—2022、T/IMAS 040—2022 和 Q/GSYS0001S—2021 规定的相对密度（20℃/4℃）均为≥1.027。

b. 脂肪

山羊乳的乳脂肪主要由甘油三酯类组成，对人体有重要作用的磷脂含量较高。山羊乳脂肪球小且均匀，平均直径3.51 μm 左右。绵羊乳的脂肪高于山羊乳。T/SRX 003—2022 中规定的脂肪指标为≥3.10 g/100g，T/IMAS 040—2022 中规定的脂肪指标为≥3.5 g/100g，Q/GSYS0001S—2021 中规定的脂肪指标为≥6.0 g/100g。

c. 蛋白质

羊乳蛋白凝块细而软，颗粒大小均匀，易被人体吸收利用。T/SRX 003—2022 中规定的蛋白质指标为≥2.80 g/100g，T/IMAS 040—2022 中规定的蛋白质指标为≥3.2 g/100g。Q/GSYS0001S—2021 中规定的蛋白质指标为≥5.0 g/100g。

d. 非脂乳固体

T/SRX 003—2022 中规定的非脂乳固体指标为≥8.10 g/100g，T/IMAS 040—2022 中规定的非脂乳固体指标为≥8.5 g/100g。Q/GSYS0001S—2021 中规定的非脂乳固体指标为≥11.0 g/100g。

e. 杂质度

T/SRX 003—2022、T/IMAS 040—2022 和 Q/GSYS0001S—2021 规定的杂质度指标均为≤4.0 mg/kg。

f. 酸度

T/SRX 003—2022 和 T/IMAS 040—2022 规定的酸度指标均为 6～13 °T。Q/GSYS0001S—2021 中未做规定。

g. 冰点

T/IMAS 040—2022 规定冰点指标为-0.560～-0.500，Q/GSYS0001S—2021 规定冰点指标为-0.700～-0.500。T/SRX 003—2022 未做规定。

h. 氯

T/SRX 003—2022 规定氯的含量为 125～225 mg/100g，T/IMAS 040—2022 和 Q/GSYS0001S—2021 未做规定。

i. 钠钾比

T/SRX 003—2022 规定钠钾比为 1∶2～1∶6，T/IMAS 040—2022 和 Q/GSYS0001S—2021 未做规定。

j. 牛磺酸

T/SRX 003—2022 规定牛磺酸为 5～10 mg/100g，T/IMAS 040—2022 和 Q/

GSYS0001S—2021 未做规定。

③微生物限量

T/IMAS 040—2022 中对菌落总数限量为≤50 万 CFU/mL。T/SRX 003—2022 中微生物限量应符合 GB 19301 规定，即菌落总数≤$2×10^6$ CFU/g（mL）。Q/GSYS0001S—2021 中规定菌落总数≤$5×10^5$ CFU/g，沙门氏菌（25 g/mL）和金黄色葡萄球菌（25 g/mL）不得检出。

④体细胞限量

T/IMAS 040—2022 中规定体细胞≤120 万个/mL。T/SRX 003—2022 和 Q/GSYS0001S—2021 均未做规定。

⑤污染物限量

T/SRX 003—2022 和 T/IMAS 040—2022 中均规定污染物限量应符合 GB 2762 的规定。GB 2762—2022 中关于污染物的定义是食品在从生产（包括农作物种植、动物饲养和兽医用药）、加工、包装、贮存、运输、销售，直至食用等过程中产生的或由环境污染带入的、非有意加入的化学性危害物质，是指除农药残留、兽药残留、生物毒素和放射性物质以外的污染物。GB 2762—2022 中生乳的铅、总汞、总砷、铬及亚硝酸盐限量值及 Q/GSYS0001S—2021 规定的有害物质限量值见表 1-4。

表 1-4　生羊乳标准污染物限量要求

标准号	铅/（mg/kg）	总汞/（mg/kg）	总砷/（mg/kg）	铬/（mg/kg）	亚硝酸盐/（mg/kg）
GB 2762—2022	≤0.02	≤0.01	≤0.1	≤0.3	≤0.4
Q/GSYS0001S—2021	≤0.05	≤0.01	≤0.1	≤0.3	≤0.4

⑥真菌毒素限量

T/SRX 003—2022 和 T/IMAS 040—2022 中均规定真菌毒素限量应符合 GB 2761 的规定，GB 2761—2017 中要求乳及乳制品中 M_1 的含量应≤0.5 μg/kg。Q/GSYS0001S—2021 中未对真菌毒素限量做规定。

⑦农药残留

T/SRX 003—2022、T/IMAS 040—2022 和 Q/GSYS0001S—2021 中均规定农药残留限量应符合 GB 2763 及国家有关规定的公告。GB 2763—2021 中对生乳有规定的农药有 123 种，其中规定了山羊乳、绵羊乳限量值的农药有 3 种，即矮壮素≤0.5 mg/kg、氟苯脲≤0.01 mg/kg、乐果≤0.05 mg/kg。

⑧兽药残留限量

T/SRX 003—2022、T/IMAS 040—2022 和 Q/GSYS0001S—2021 规定兽药残留限量应符合 GB 31650 及国家有关规定和公告。GB 31650—2019 中规定杀虫药双甲脒中山羊奶、绵羊奶残留限量应≤10 μg/kg，抗线虫药莫昔克丁中绵羊奶≤10 μg/kg。

⑨功能性物质、特征性物质和其他营养物质含量

T/IMAS 040—2022中对山羊奶中功能性物质、特征性物质和其他营养物质含量做出了规定。功能性物质有CLA和乳铁蛋白（表1-5）。特征性物质有辛酸C8:0和癸酸C10:0（表1-6）。其他营养物质有氨基酸（表1-7）、脂肪酸（表1-8）、矿物质和维生素（表1-9）。山羊乳中维生素A、硫胺、核黄素、尼克酸、泛酸、维生素B_6、生物素和维生素C等主要维生素的总含量比牛乳要高，但山羊乳中叶酸和维生素B_{12}的含量偏低。山羊乳中钙、磷、钠、钾、镁等元素含量均高于牛乳，特别是钙和磷，分别比牛乳高12%和19%，山羊乳中含钾量比牛乳丰富，含镁量更适合于人体，但山羊乳中铁含量较少。

表1-5　山羊乳标准功能性物质含量

项目		限量值
CLA/（mg/L）	≥	13.55
乳铁蛋白/（mg/100 g）	≥	7.1

表1-6　山羊乳标准特征性物质含量　　　　　　　　　单位:%

项目		限量值
辛酸 C8:0	≥	1.03
癸酸 C10:0	≥	2.03

表1-7　山羊乳标准氨基酸含量　　　　　　　　　单位:%

分　类	氨基酸种类	指　标
必需氨基酸（EAA）（%）	苏氨酸 Thr	0.148
	缬氨酸 Val	0.219
	蛋氨酸 Met	0.085
	异亮氨酸 Ile	0.157
	亮氨酸 Leu	0.313
	苯丙氨酸 Phe	0.159
	赖氨酸 Lys	0.270
	组氨酸 His	0.10
	总必需氨基酸 TEAA	1.451

（续表）

分　类	氨基酸种类	指标
非必需氨基酸（NEAA）（%）	天冬氨酸 Asp	0.211
	丝氨酸 Ser	0.156
	谷氨酸 Glu	0.675
	甘氨酸 Gly	0.058
	丙氨酸 Ala	0.098
	胱氨酸 Cys	0.032
	酪氨酸 Tyr	0.120
	脯氨酸 Pro	0.362
	精氨酸 Arg	0.077
	总非必需氨基酸 TNEAA	1.789
总氨基酸 TAA／（%）	总氨基酸 TAA	3.240

表1-8　山羊乳标准脂肪酸　　　　　　　单位:%

分　类	指　标
丁酸 C4:0	1.10
己酸 C6:0	1.71
十一烷酸 C11:0	0.02
月桂酸 C12:0	2.39
十三烷酸 C13:0	0.06
肉豆蔻酸 C14:0	9.15
十五烷酸 C15:0	0.81
棕榈酸 C16:0	25.63
十七烷酸 C17:0	0.54
硬脂酸 C18:0	8.43
花生酸 C20:0	0.03
二十一碳酸 C21:0	0.04
山萮酸 C22:0	0.0
肉豆蔻烯酸 c9 C14:1	0.20
顺-10-十五烯酸 c10 C15:1	0.37
棕榈油酸 c9 C16:1	0.78

（续表）

分　类	指　标
顺-10-十七烯酸 c10 C17：1	0.28
反油酸 t9 C18：1	0.38
油酸 c9 C18：1	21.68
顺-11-二十烯酸 c11 C20：1	0.25
芥酸 c13 C22：1	0.16
反亚油酸 t9,12 C18：2	0.06
亚油酸 c9,12 C18：2	2.61
γ-亚麻酸 c6,9,12 C18：3	0.51
α-亚麻酸 c9,12,15 C18：3	0.05
顺-11,14-二十碳二烯酸 c11,14 C20：2	0.02
短链脂肪酸	1.10
中链脂肪酸	7.18
长链脂肪酸	71.34
饱和脂肪酸 SFA	49.1
单不饱和脂肪酸 MUFA	24.1
多不饱和脂肪酸 PUFA	3.25

表 1-9　山羊乳标准矿物质和微生素含量　　　　单位：mg/100mL

分　类	项　目		指　标
常量矿物质	钾	≥	159.92
	钙	≥	92.02
	钠	≥	29.91
	磷	≥	88.07
	镁	≥	12.39
微量矿物质	铁	≥	0.40
	锌	≥	0.22
水溶性维生素	VB$_1$	≥	49.50
	VB$_2$	≥	5.00
	VC	≥	15.50
脂溶性维生素	VA	≥	1.75
	VE	≥	0.70

二、产品标准

【团体标准】

生山羊乳
Raw goat milk

标 准 号：T/SRX 003—2022
发布日期：2022-09-01　　　　　　　实施日期：2022-10-01
发布单位：陕西省乳品工业协会

前　　言

本文件按照 GB/T 1.1—2020《标准化工作导则　第一部分：标准化文件的结构和起草规则》的规定起草。

请注意本文件的某些内容可能涉及专利。本文件的发布机构不承担识别专利的责任。

本文件由陕西省乳品工业协会提出并归口。

本文件起草单位：陕西优利士乳业有限公司、陕西乳都金羊乳业集团有限公司、西安百跃羊乳集团有限公司、陕西和氏乳业集团有限公司、陕西雅泰乳业有限公司、陕西秦龙乳业集团有限公司、陕西美力源乳业集团有限公司。

本文件主要起草人：何锐、张琦、葛武鹏、张富新、陈合、舒国伟、杨孝成、孟江涛、李轶超、万宏昌、杜管利、向祝军。

本文件为首次发布。

生山羊乳

1 范围

本文件适用于生山羊乳，不适用于即食生山羊乳。

本文件适用于陕西省乳品工业协会会员单位生产和收购的生山羊乳。

2 规范性引用文件

下列文件中的内容通过文中的规范性引用而构成本文件必不可少的条款。其中，注日期的引用文件，仅该日期对应的版本适用于本文件；不注日期的引用文件，其最新版本（包括所有的修改单）适用于本文件。

GB/T 191　　　包装储运图示标志

GB 2761　　　食品安全国家标准　食品中真菌毒素限量

GB 2762　　　食品安全国家标准　食品中污染物限量

GB 2763　　　食品安全国家标准　食品中农药最大残留限量

GB/T 4789.27　食品卫生微生物学检验　鲜乳中抗生素残留检验

GB 5009.2　　食品安全国家标准　食品相对密度的测定

GB 5009.5　　食品安全国家标准　食品中蛋白质的测定

GB 5009.6　　食品安全国家标准　食品中脂肪的测定

GB 5009.44　　食品安全国家标准　食品中氯化物的测定

GB 5009.91　　食品安全国家标准　食品中钾、钠的测定

GB 5009.169　食品安全国家标准　食品中牛磺酸的测定

GB 5009.239　食品安全国家标准　食品酸度的测定

GB 5413.30　　食品安全国家标准　乳和乳制品杂质度的测定

GB 5413.39　　食品安全国家标准　乳和乳制品中非脂乳固体的测定

GB 19301　　　食品安全国家标准　生乳

GB 31650　　　食品安全国家标准　食品中兽药最大残留限量

3 术语与定义

3.1 生山羊乳 raw goat milk

从健康泌乳期的奶山羊乳房中挤出的无任何提取或添加的常乳。产羊羔后七天内的初乳、应用抗生素期间和休药期间的乳汁、变质乳不应用作生山羊乳。

4 技术要求

4.1 感官要求

应符合表1的规定。

表1

项目	要求
色泽	呈均匀一致乳白色
滋气味	味道稍甜微咸，具有山羊乳特有的风味，无异味
组织状态	呈均匀一致液体，无凝块、无沉淀、无正常视力可见异物

4.2 理化指标

应符合表2的规定。

表2

项目		指标
相对密度/（20℃/4℃）	≥	1.027
脂肪/（g/100g）	≥	3.10
蛋白质/（g/100g）	≥	2.80
非脂乳固体/（g/100g）	≥	8.10
酸度/（°T）		6~13
杂质度/（mg/kg）	≤	4.0
氯*/（mg/100g）		125~225
钠钾比ª*		1:2~1:6
牛磺酸*/（mg/100g）		5~10
ª钠的检出值：钾的检出值 *生山羊乳特征性指标		

4.3 微生物限量

应符合GB19301的规定。

4.4 污染物限量

应符合GB 2762的规定。

4.5 真菌毒素限量

应符合GB 2761的规定。

4.6 农药残留限量和兽药残留限量

4.6.1 农药残留量应符合GB 2763及国家有关规定和公告。

4.6.2 兽药残留量应符合GB 31650及国家有关规定和公告。

5 检验方法

5.1 感官检验

按GB 19301的规定执行。

5.2 理化检验

5.2.1 相对密度应按 GB 5009.2 规定的方法测定。

5.2.2 蛋白质应按 GB 5009.5 规定的方法测定。

5.2.3 脂肪应按 GB 5009.6 规定的方法测定。

5.2.4 氯应按 GB 5009.44 规定的方法测定。

5.2.5 钠钾比应按 GB 5009.91 规定的方法测定钠含量与钾含量，计算比值。

5.2.6 牛磺酸应按 GB 5009.169 规定的方法测定。

5.2.7 酸度应按 GB 5009.239 规定的方法测定。

5.2.8 杂质度应按 GB 5413.30 规定的方法测定。

5.2.9 非脂乳固体应按 GB 5413.39 规定的方法测定。

生山羊乳
Raw goats milk

标 准 号：T/IMAS 040—2022

发布日期：2022-06-13　　　　　　实施日期：2022-06-14

发布单位：内蒙古标准化协会

前　　言

本文件按照 GB/T 1.1—2020《标准化工作导则　第 1 部分：标准化文件的结构和起草规则》的规定起草。

本文件由内蒙古自治区农牧业科学院提出。

本文件由内蒙古标准化协会归口。

本文件起草单位：内蒙古自治区农牧业科学院、内蒙古盛健生物科技有限责任公司、呼和浩特市农牧局。

本文件主要起草人：王丽芳、郭晨阳、刘嘉琳、康博洋、黄洁、钟华晨、连海飞、宋洁、姚一萍、史培、杨健、张三粉、王璇、乌日罕、张金文、阿仑、武霞霞、冯国荣、邬兴宇、塔娜、吴雪琨、张继平、王桂梅、杨建忠、郝燕茹、姚凤梅、郭媛、张娜、吕永霞、孙昊凛、许灵、田志国。

生山羊乳

1　范围

本文件规定了生山羊乳的术语和定义、技术要求、运输和贮存。

本文件适用于奶山羊生乳，不适用于即食奶山羊生乳。

2　规范性引用文件

下列文件中的内容通过文中的规范性引用而构成本文件必不可少的条款。其中，注日期的引用文件，仅该日期对应的版本适用于本文件；不注日期的引用文件，其最新版本（包括所有的修改单）适用于本文件。

GB 2761　　食品安全国家标准　食品中真菌毒素限量

GB 2762　　食品安全国家标准　食品中污染物限量

GB 2763　　食品安全国家标准　食品中农药最大残留限量

GB 4789.2　食品安全国家标准　食品微生物学检验　菌落总数测定

GB 5009.2　食品安全国家标准　食品相对密度的测定

GB 5009.5　食品安全国家标准　食品中蛋白质的测定

GB 5009.6　食品安全国家标准　食品中脂肪的测定

GB 5009.82　食品安全国家标准　食品中维生素 A、D、E 的测定

GB 5009.84　食品安全国家标准　食品中维生素 B_1 的测定

GB 5009.85　食品安全国家标准　食品中维生素 B_2 的测定

GB 5009.124　食品安全国家标准　食品中氨基酸的测定

GB 5009.168　食品安全国家标准　食品中脂肪酸的测定

GB 5009.239　食品安全国家标准　食品酸度的测定

GB 5009.268　食品安全国家标准　食品中多元素的测定

GB 5413.18　食品安全国家标准　婴幼儿食品和乳品中维生素 C 的测定

GB 5413.30　食品安全国家标准　乳和乳制品杂质度的测定

GB 5413.38　食品安全国家标准　生乳冰点的测定

GB 5413.39　食品安全国家标准　乳和乳制品中非脂乳固体的测定

GB 31650　　食品安全国家标准　食品中兽药最大残留限量

NY/T 800　　生鲜牛乳中体细胞测定方法

NY/T 2362　生乳贮运技术规范

T/TDSTIA 006　奶及奶制品中乳铁蛋白的测定　液相色谱法

3　术语和定义

下列术语和定义适用于本文件。

3.1　奶山羊生乳 raw milk for dairy goats

从符合国家有关要求的健康奶山羊乳房中挤出的无任何成分改变的常乳。

注：产羔后七天的初乳、应用抗生素期间和休药期间的乳汁、变质乳不应用作生山羊乳。

4 技术要求

4.1 感官要求

应符合表1的规定。

表1 感官要求

项目	要求	检验方法
色泽	呈乳白色或微黄色	取适量试样置于50 mL烧杯中，在自然光下观察色泽和组织状态。闻其气味，用温开水漱口，品尝滋味
滋味、气味	具有山羊乳固有的香气，无异味	
组织状态	呈均匀一致液体，无凝块、无沉淀、无正常视力可见异物	

4.2 理化指标

应符合表2的规定。

表2 理化指标

项目		指标	检验方法
冰点/（℃）		−0.560～−0.500	GB 5413.38
相对密度/（20℃/4℃）	≥	1.027	GB 5009.2
蛋白质/（g/100 g）	≥	3.2	GB 5009.5
脂肪/（g/100 g）	≥	3.5	GB 5009.6
杂质度/（mg/kg）	≤	4.0	GB 5413.30
非脂乳固体/（g/100 g）	≥	8.5	GB 5413.39
酸度/°T		6～13	GB 5009.239
注：挤出3 h后检测			

4.3 功能性物质

应符合表3的规定。

表3 功能性物质

项目		指标	检验方法
CLA/（mg/L）	≥	13.55	GB 5009.168
乳铁蛋白/（mg/100 g）	≥	7.1	T/TDSTIA 006

4.4 微生物和体细胞限量

应符合表 4 的规定。

表 4 微生物和体细胞限量

项目		指标	检验方法
菌落总数/（万 CFU/mL）	≤	50	GB 4789.2
体细胞/（万个/mL）	≤	120	NY/T 800

4.5 特征性物质

应符合表 5 的规定。

表 5 特征性物质

项目		指标	检验方法
辛酸 C8：0/%	≥	1.03	GB 5009.168
癸酸 C10：0/%	≥	2.03	

4.6 污染物限量

应符合 GB 2762 的规定。

4.7 真菌毒素限量

应符合 GB 2761 的规定。

4.8 农药残留限量和兽药残留限量

4.8.1 农药残留量应符合 GB 2763 及国家有关规定和公告。

4.8.2 兽药残留量应符合 GB 31659 的规定。

4.9 其他营养物质含量

其他营养物质含量参见附录 A。

5 运输、贮存

应符合 NY/T 2362 的规定。

附录 A
（资料性）
其他营养物质含量推荐值

A.1 氨基酸

氨基酸见表 A.1。

表 A.1　氨基酸

分类	氨基酸种类	指标	检验方法
必需氨基酸（EAA）/%	苏氨酸 Thr/%	0.148	GB 5009.124
	缬氨酸 Val/%	0.219	
	蛋氨酸 Met/%	0.085	
	异亮氨酸 Ile/%	0.157	
	亮氨酸 Lcu/%	0.313	
	苯丙氨酸 Phe/%	0.159	
	赖氨酸 Lys/%	0.270	
	组氨酸 His/%	0.10	
	总必需氨基酸 TEAA/%	1.451	
非必需氨基酸（NEAA）/%	天冬氨酸 Asp/%	0.211	
	丝氨酸 Ser/%	0.156	
	谷氨酸 Glu/%	0.675	
	甘氨酸 Gly/%	0.058	
	丙氨酸 Ala/%	0.098	
	胱氨酸 Cys/%	0.032	
	酪氨酸 Tyr/%	0.120	
	脯氨酸 Pro/%	0.362	
	精氨酸 Arg/%	0.077	
	总非必需氨基酸 TNEAA/%	1.789	
总氨基酸 TAA/%	总氨基酸 TAA/%	3.240	

A.2 脂肪酸

脂肪酸见表 A.2。

表 A.2　脂肪酸

分类	指标	检验方法
丁酸 C4:0/%	1.10	GB 5009.168
己酸 C6:0/%	1.71	
十一烷酸 C11:0/%	0.02	
月桂酸 C12:0/%	2.39	

（续表）

分类	指标	检验方法
十三烷酸 C13: 0/%	0.06	
肉豆蔻酸 C14: 0/%	9.15	
十五烷酸 C15: 0/%	0.81	
棕榈酸 C16: 0/%	25.63	
十七烷酸 C17: 0/%	0.54	
硬脂酸 C18: 0/%	8.43	
花生酸 C20: 0/%	0.03	
二十一碳酸 C21: 0/%	0.04	
山萮酸 C22: 0/%	0.0	
肉豆蔻烯酸 c9 C14: 1/%	0.20	
顺-10-十五烯酸 c10 C15: 1/%	0.37	
棕榈油酸 c9 C16: 1/%	0.78	
顺-10-十七烯酸 c10 C17: 1/%	0.28	
反油酸 t9 C18: 1/%	0.38	GB 5009.168
油酸 c9 C18: 1/%	21.68	
顺-11-二十烯酸 c11 C20: 1/%	0.25	
芥酸 c13 C22: 1/%	0.16	
反亚油酸 t9,12 C18: 2/%	0.06	
亚油酸 c9,12 C18: 2/%	2.61	
γ-亚麻酸 c6,9,12 C18: 3/%	0.51	
α-亚麻酸 c9,12,15 C18: 3/%	0.05	
顺-11,14-二十碳二烯酸 c11,14 C20: 2/%	0.02	
短链脂肪酸/%	1.10	
中链脂肪酸/%	7.18	
长链脂肪酸/%	71.34	
饱和脂肪酸 SFA/%	49.1	
单不饱和脂肪酸 MUFA/%	24.1	
多不饱和脂肪酸 PUFA/%	3.25	

A.3 矿物质

矿物质见表 A.3。

表 A.3　矿物质

分类	项目		指标	检验方法
常量矿物质	钾／（mg/100mL）	≥	159.92	GB 5009.268
	钙／（mg/100mL）	≥	92.02	
	钠／（mg/100mL）	≥	29.91	
	磷／（mg/100mL）	≥	88.07	
	镁／（mg/100mL）	≥	12.39	
微量矿物质	铁／（mg/100mL）	≥	0.40	
	锌／（mg/100mL）	≥	0.22	

A.4　维生素

维生素见表 A.4。

表 A.4　维生素

分类	项目		指标	检验方法
水溶性维生素	VB_1／（mg/100mL）	≥	49.5	GB 5009.84
	VB_2／（mg/100mL）	≥	5.0	GB 5009.85
	VC／（mg/100mL）	≥	15.5	GB 5413.18
脂溶性维生素	VA／（mg/100mL）	≥	1.75	GB 5009.82
	VE／（mg/100mL）	≥	0.7	GB 5009.82

巴氏杀菌山羊乳
Pasteurized goat milk

标 准 号：T/SRX 005—2023
发布日期：2023-09-01　　　　　　　实施日期：2023-10-01
发布单位：陕西省乳品工业协会

前　　言

　　本标准按照 GB/T 1.1—2020《标准化工作导则　第一部分：标准化文件的结构和起草规则》的规定起草。

　　请注意本标准的某些内容可能涉及专利。本文件的发布机构不承担识别专利的责任。

　　本标准由陕西省乳品工业协会提出并归口。

　　本标准起草单位：陕西优利士乳业有限公司、陕西乳都金羊乳业集团有限公司、陕西和氏乳业集团有限公司、陕西秦龙乳业集团有限公司、西安百跃羊乳集团有限公司、陕西雅泰乳业有限公司、陕西美力源乳业集团有限公司，西安市军源牧业有限责任公司。

　　本文件主要起草人：张琦、何锐、葛武鹏、张富新、陈合、舒国伟、杨孝成、李轶超、杜管利、孟江涛、万宏昌、向祝军、张旭。

　　本标准代替 T/SRX 005—2022《陕西省乳品工业协会团体标准　巴氏杀菌山羊乳》。

巴氏杀菌山羊乳

1 范围

本文件规定了巴氏杀菌山羊乳的技术要求、检验方法、生产加工过程的卫生要求及标志、包装、运输和贮存。

本文件适用于仅以生山羊乳为原料，经脱脂或不脱脂、巴氏杀菌等工序制成的液态山羊乳。

2 规范性引用文件

下列文件中的内容通过文中的规范性引用而构成本文件必不可少的条款。其中，注日期的引用文件，仅该日期对应的版本适用于本文件；不注日期的引用文件，其最新版本（包括所有的修改单）适用于本文件。

GB/T 191　　　包装储运图示标志
GB 2761　　　食品安全国家标准　食品中真菌毒素限量
GB 2762　　　食品安全国家标准　食品中污染物限量
GB 5009.5　　食品安全国家标准　食品中蛋白质的测定
GB 5009.6　　食品安全国家标准　食品中脂肪的测定
GB 5009.44　食品安全国家标准　食品中氯化物的测定
GB 5009.91　食品安全国家标准　食品中钾、钠的测定
GB 5009.239　食品安全国家标准　食品酸度的测定
GB 5413.39　食品安全国家标准　乳和乳制品中非脂乳固体的测定
GB 7718　　　食品安全国家标准　预包装食品标签通则
GB 12693　　食品安全国家标准　乳制品良好生产规范
GB 19645　　食品安全国家标准　巴氏杀菌乳
GB 28050　　食品安全国家标准　预包装食品营养标签通则
JJF 1070　　定量包装商品净含量计量检验规则
RHB 101　　巴氏杀菌乳感官评鉴细则
T/SRX 003　生山羊乳
定量包装商品计量监督管理办法

3 术语与定义

本文件没有需要界定的术语与定义。

4 技术要求

4.1 原料要求

生山羊乳应符合 T/SRX 003 的规定。

4.2 感官要求

应符合表1的规定。

表1 感官要求

项目	要求
色泽	呈乳白色或微黄色
滋气味	具有山羊乳固有的滋味和气味，无异味
组织状态	呈均匀一致液体，无凝块、无沉淀、无正常视力可见异物

4.3 理化指标

应符合表2的规定。

表2 理化指标

项目	指标	
	全脂	脱脂
脂肪/（g/100g）	≥3.1	≤0.5
蛋白质/（g/100g）≥	2.8	
非脂乳固体/（g/100 g）≥	8.1	
酸度/°T	6~13	
氯/（mg/100g）	125~225	
钠钾比	1:2~1:6	

4.4 微生物限量

应符合 GB 19645 的规定。

4.5 污染物限量

应符合 GB 2762 的规定。

4.6 真菌毒素限量

应符合 GB 2761 的规定。

4.7 净含量允差

应符合《定量包装商品计量监督管理办法》的规定。

4.8 生产加工过程

应符合 GB 12693 的规定。

5 检验方法

5.1 感官检验

5.1.1 色泽和组织状态

取适量试样置于 50 mL 烧杯中，在自然光下观察色泽和组织状态。

5.1.2 滋气味

取适量试样置于 50 mL 烧杯中，先闻气味，然后用温开水漱口，再品尝样品的滋味。

5.2 理化检验

5.2.1 脂肪

按 GB 5009.6 规定的方法进行。

5.2.2 蛋白质

按 GB 5009.5 规定的方法进行。

5.2.3 非脂乳固体

按 GB 5413.39 规定的方法进行。

5.2.4 酸度

按 GB 5009.239 规定的方法进行。

5.2.5 氯

按 GB 5009.44 规定的方法进行。

5.2.6 钠钾比

按 GB 5009.91 规定的方法测定钠含量与钾含量，计算比值。

5.3 净含量允差

按 JJF 1070 规定的方法进行

6 检验规则

6.1 组批

同一批原料、同一配方连续生产的同一规格的产品为一批。

6.2 出厂检验

每批产品出厂前应对本文件规定的项目进行检验。

6.3 型式检验

型式检验项目为本文件中规定的全部要求，每年应不少于一次，有下列情况之一时，亦应进行：

a）新产品正式投产时；

b）停产半年以上（含半年）恢复生产时；

c）当原料、设备、工艺有较大变化可能影响产品质量时；

d）国家质量监督机构提出要求时。

6.4 判定

a）检验项目全部符合标准要求，判该批产品合格。

b）检验项目有一项或一项以上（微生物指标除外）不符合要求时，在该批产品中加倍抽样，对不符合项进行复检。复检结果合格，判该批产品合格，复检结果仍有不合格项，判该批产品不合格。

c）微生物指标不符合本文件规定时，判该批产品为不合格品，不得复检。

7 标志、包装、运输和贮存

7.1 标志

产品标签应符合 GB 7718、GB 28050 和 GB 19645 中 5.1 的规定。贮运图示标志应符合 GB/T 191 的规定。

7.2 包装

包装外部应保持清洁，密封严密、无渗漏现象，应采用符合食品安全标准的包装材料。

7.3 运输

产品运输时应采用冷藏工具（温度控制在 2~6℃），应避免日晒、雨淋。不得与有毒、有害、有腐蚀性、易挥发或有异味的物品混装运输。装卸时应轻搬、轻放，严禁抛掷。

7.4 贮存

7.4.1 产品不得与有毒、有害、有腐蚀性、易挥发或有异味的物品同库贮存。

7.4.2 产品应在 2~6℃ 的条件下贮存，严禁露天堆放、暴晒、雨淋或靠近热源，与地面距离 10 cm 以上，与墙壁距离 20 cm 以上。

7.4.3 产品保质期由生产企业根据包装材质、工艺条件自行确定。

灭菌山羊乳
Sterilized goat milk

标 准 号：T/IMAS 043—2022
发布日期：2022-06-15　　　　　　　实施日期：2022-06-16
发布单位：内蒙古标准化协会

前　言

本文件按照 GB/T 1.1—2020《标准化工作导则　第 1 部分：标准化文件的结构和起草规则》的规定起草。

本文件由内蒙古自治区农牧业科学院提出。

本文件由内蒙古标准化协会归口。

本文件起草单位：内蒙古自治区农牧业科学院、内蒙古盛健生物科技有限责任公司、呼和浩特市农牧局、内蒙古自治区知识产权保护中心。

本文件主要起草人：王丽芳、康博洋、钟华晨、黄洁、刘嘉琳、郭晨阳、连海飞、宋洁、史培、姚一萍、杨健、张三粉、王璇、丁子辰、张金文、乌日罕、阿仑、武霞霞、田志国。

灭菌山羊乳

1 范围

本文件规定了灭菌山羊乳的术语和定义、技术要求、生产、标志、包装、运输、贮存要求。本文件适用于全脂、脱脂和部分脱脂灭菌山羊乳。

2 规范性引用文件

下列文件中的内容通过文中的规范性引用而构成本文件必不可少的条款。其中，注日期的引用文件，仅该日期对应的版本适用于本文件；不注日期的引用文件，其最新版本（包括所有的修改单）适用于本文件。

GB 2761　　　食品安全国家标准　食品中真菌毒素限量

GB 2762　　　食品安全国家标准　食品中污染物限量

GB 4789.26　　食品安全国家标准　食品微生物学检验　商业无菌检验

GB 5009.5　　　食品安全国家标准　食品中蛋白质的测定

GB 5009.6　　　食品安全国家标准　食品中脂肪的测定

GB 5009.82　　食品安全国家标准　食品中维生素 A、D、E 的测定

GB 5009.84　　食品安全国家标准　食品中维生素 B_1 的测定

GB 5009.85　　食品安全国家标准　食品中维生素 B_2 的测定

GB 5009.124　　食品安全国家标准　食品中氨基酸的测定

GB 5009.168　　食品安全国家标准　食品中脂肪酸的测定

GB 5009.239　　食品安全国家标准　食品酸度的测定

GB 5009.268　　食品安全国家标准　食品中多元素的测定

GB 5413.18　　食品安全国家标准　婴幼儿食品和乳品中维生素 C 的测定

GB 5413.39　　食品安全国家标准　乳和乳制品中非脂乳固体的测定

GB 7718　　　食品安全国家标准　预包装食品标签通则

GB 25190　　　食品安全国家标准　灭菌乳

GB/T 27342　　危害分析与关键控制点（HACCP）体系　乳制品生产企业要求

T/IMAS 040　　生山羊乳

T/IMAS 041　　山羊乳粉

3 术语和定义

下列术语和定义适用于本文件。

3.1 灭菌山羊乳 sterilized goat milk

以新鲜生山羊乳为原料，添加或不添加复原乳，经净化、均质、灭菌和无菌包装或包装后再进行灭菌，从而具有较长保质期的可直接饮用的商品乳。

4 技术要求

4.1 原料要求

4.1.1 生山羊乳

应符合 T/IMAS 040 的要求。

4.1.2 山羊乳粉

应符合 T/IMAS 041 的要求。

4.2 感官要求

应符合表 1 的规定。

表 1 感官要求

项目	要求	检验方法
色泽	呈乳白色或微黄色	取适量试样置于 50mL 烧杯中，在自然光下观察色泽和组织状态。闻其气味，用温开水漱口，品尝滋味
滋味、气味	具有羊乳固有的香气，无异味	
组织状态	呈均匀一致液体，无凝块、无沉淀、无正常视力可见异物	

4.3 理化指标

应符合表 2 的规定。

表 2 理化指标

项目		指标	检验方法
脂肪ᵃ/（g/100g）	≥	3.40	GB 5009.6
蛋白质/（g/100g）	≥	3.05	GB 5009.5
非脂乳固体/（g/100g）	≥	8.75	GB 5413.39
酸度/°T		6~13	GB 5009.239
ᵃ仅适用于全脂灭菌乳			

4.4 功能性物质

应符合表 3 的规定。

表 3 功能性物质

项目		指标	检验方法
共轭亚油酸 CLA/（mg/L）	≥	86.69	GB 5009.168

4.5 特征性物质

应符合表 4 的规定。

表 4 特征性物质

项目		指标	检验方法
辛酸 C8：0／%	≥	1.01	GB 5009.168
癸酸 C10：0／%	≥	2.66	

4.6 污染物限量

应符合 GB 2762 的规定。

4.7 真菌毒素限量

应符合 GB 2761 的规定。

4.8 灭菌乳微生物要求

应符合商业无菌的要求，按 GB 4789.26 规定的方法检验。

4.9 其他营养物质含量

其他营养物质含量参见附录 A。

5 生产、标识、包装、贮存、运输

应符合 GB 7718 和 GB/T 27342 的规定。

6 其他

应符合 GB 25190 的规定。

附录 A

（资料性）

其他营养物质含量推荐值

A.1 氨基酸

氨基酸见表 A.1。

表 A.1 氨基酸

项目		指标	检验方法
苏氨酸 Thr/%	≥	0.143	
缬氨酸 Val/%	≥	0.220	
蛋氨酸 Met/%	≥	0.040	
异亮氨酸 Ile/%	≥	0.146	
亮氨酸 Leu/%	≥	0.307	
苯丙氨酸 Phe/%	≥	0.155	
赖氨酸 Lys/%	≥	0.272	
组氨酸 His/%	≥	0.118	
总必需氨基酸 TEAA/%	≥	1.401	
天冬氨酸 Asp/%	≥	0.213	GB 5009.124
丝氨酸 Ser/%	≥	0.174	
谷氨酸 Glu/%	≥	0.696	
甘氨酸 Gly/%	≥	0.047	
丙氨酸 Ala/%	≥	0.086	
胱氨酸 Cys/%	≥	0.019	
酪氨酸 Tyr/%	≥	0.128	
脯氨酸 Pro/%	≥	0.166	
精氨酸 Arg/%	≥	0.068	
总非必需氨基酸 TNEAA/%	≥	1.597	
总氨基酸 TAA/%	≥	2.998	

A.2 脂肪酸

脂肪酸见表 A.2。

表 A.2 脂肪酸

项目		指标	检验方法
丁酸 C4:0/%	≥	1.46	
己酸 C6:0/%	≥	1.42	GB 5009.168
十一烷酸 C11:0/%	≥	0.07	
月桂酸 C12:0/%	≥	3.41	

（续表）

项目		指标	检验方法
十三烷酸 C13: 0/%	≥	0.08	
肉豆蔻酸 C14: 0/%	≥	10.07	
十五烷酸 C15: 0/%	≥	0.91	
棕榈酸 C16: 0/%	≥	30.06	
十七烷酸 C17: 0/%	≥	0.61	
硬脂酸 C18: 0/%	≥	10.11	
花生酸 C20: 0/%	≥	0.17	
二十一碳酸 C21: 0/%	≥	0.04	
山萮酸 C22: 0/%	≥	0.03	
肉豆蔻烯酸 c9 C14: 1/%	≥	0.23	
顺-10-十五烯酸 c10 C15: 1/%	≥	0.22	
棕榈油酸 c9 C16: 1/%	≥	0.86	
顺-10-十七烯酸 c10 C17: 1/%	≥	0.26	
反-9-油酸 t9 C18: 1/%	≥	0.45	
油酸 c9 C18: 1/%	≥	21.05	GB 5009.168
顺-11-二十烯酸 c11 C20: 1/%	≥	0.08	
芥酸 c13 C22: 1/%	≥	0.16	
反-9,12-亚油酸 t9, 12 C18: 2/%	≥	0.59	
亚油酸 c9,12 C18: 2/%	≥	2.61	
γ-亚麻酸 c6,9,12 C18: 3/%	≥	0.33	
α-亚麻酸 c9,12,15 C18: 3/%	≥	0.05	
顺-11,14-二十碳二烯酸 c11,14 C20: 2/%	≥	0.05	
短链脂肪酸/%	≥	1.46	
中链脂肪酸/%	≥	8.56	
长链脂肪酸/%	≥	79.01	
饱和脂肪酸 SFA/%	≥	62.11	
单不饱和脂肪酸 MUFA/%	≥	23.29	
多不饱和脂肪酸 PUFA/%	≥	3.63	

A.3 矿物质

矿物质见表 A.3。

表 A.3 矿物质

分类	项目		指标	检验方法
常量矿物质	钾/（mg/100mL）	≥	77.74	GB 5009.268
	钙/（mg/100mL）	≥	47.99	
	钠/（mg/100mL）	≥	22.43	
	磷/（mg/100mL）	≥	20.48	
	镁/（mg/100mL）	≥	4.07	
微量矿物质	铁/（mg/100mL）	≥	0.61	
	锌/（mg/100mL）	≥	0.002	

A.4 维生素

维生素见表 A.4。

表 A.4 维生素

分类	项目		指标	检验方法
水溶性维生素	VB_1/（mg/100mL）	≥	33.5	GB 5009.84
	VB_2/（mg/100 mL）	≥	25.0	GB 5009.85
	VC/（mg/100 mL）	≥	241.0	GB 5413.18
脂溶性维生素	VA/（mg/100 mL）	≥	4.3	GB 5009.82
	VE/（mg/100 mL）	≥	1.5	GB 5009.82

灭菌山羊乳
Sterilized goat milk

标 准 号：T/SRX 006—2023
发布日期：2023-09-01   实施日期：2023-10-01
发布单位：陕西省乳品工业协会

前　言

本文件按照 GB/T 1.1—2020《标准化工作导则　第一部分：标准化文件的结构和起草规则》的规定起草。

请注意本文件的某些内容可能涉及专利。本文件的发布机构不承担识别专利的责任。

本文件由陕西省乳品工业协会提出并归口。

本文件起草单位：陕西优利士乳业有限公司、陕西乳都金羊乳业集团有限公司、陕西雅泰乳业有限公司、陕西秦龙乳业集团有限公司、西安百跃羊乳集团有限公司、陕西和氏乳业集团有限公司、陕西美力源乳业集团有限公司、西安市军源牧业有限责任公司。

本文件主要起草人：张琦、何锐、葛武鹏、张富新、陈合、舒国伟、杨孝成、万宏昌、杜管利、孟江涛、李轶超、向祝军、胡启胜。

本标准代替 T/SRX 006—2022《陕西省乳品工业协会团体标准　灭菌山羊乳》。

灭菌山羊乳

1 范围

本文件规定了灭菌山羊乳的技术要求、检验方法、生产加工过程的卫生要求及标志、包装、运输和贮存。

本文件适用于灭菌山羊乳。

2 规范性引用文件

下列文件中的内容通过文中的规范性引用而构成本文件必不可少的条款。其中，注日期的引用文件，仅该日期对应的版本适用于本文件；不注日期的引用文件，其最新版本（包括所有的修改单）适用于本文件。

GB/T 191　　包装储运图示标志

GB 2761　　食品安全国家标准　食品中真菌毒素限量

GB 2762　　食品安全国家标准　食品中污染物限量

GB 4789.26　食品安全国家标准　食品微生物学检验　商业无菌检验

GB 5009.5　食品安全国家标准　食品中蛋白质的测定

GB 5009.6　食品安全国家标准　食品中脂肪的测定

GB 5009.44　食品安全国家标准　食品中氯化物的测定

GB 5009.91　食品安全国家标准　食品中钾、钠的测定

GB 5009.239　食品安全国家标准　食品酸度的测定

GB 5413.39　食品安全国家标准　乳和乳制品中非脂乳固体的测定

GB 5749　　生活饮用水卫生标准

GB 7718　　食品安全国家标准　预包装食品标签通则

GB 12693　食品安全国家标准　乳制品良好生产规范

GB 25190　食品安全国家标准　灭菌乳

GB 28050　食品安全国家标准　预包装食品营养标签通则

JJF 1070　定量包装商品净含量计量检验规则

T/SRX 003　生山羊乳

T/SRX 004　山羊乳粉

定量包装商品计量监督管理办法

3 术语与定义

3.1 超高温灭菌山羊乳 ultra high-temperature goat milk

以生山羊乳为原料，添加或不添加复原山羊乳，在连续流动的状态下，加热到至少132℃并保持很短时间的灭菌，再经无菌灌装等工序制成的液体产品。

3.2 保持灭菌山羊乳 retort sterilized goat milk

以生山羊乳为原料，添加或不添加复原山羊乳，无论是否经过预热处理，在灌装并

密封之后经灭菌等工序制成的液体产品。

4 技术要求

4.1 原料要求

4.1.1 生山羊乳应符合 T/SRX 003 的规定。

4.1.2 山羊乳粉应符合 T/SRX 004 的规定。

4.1.3 生产用水应符合 GB 5749 的规定。

4.2 感官要求

应符合表 1 的规定。

表 1 感官要求

项目	要求
色泽	呈乳白色或微黄色
滋气味	具有山羊乳固有的滋味和气味，无异味
组织状态	呈均匀一致液体，无凝块、无沉淀、无正常视力可见异物

4.3 理化指标

应符合表 2 的规定。

表 2 理化指标

项目	指标	
	全脂	脱脂
脂肪/（g/100g）	≥3.1	≤0.5
蛋白质/（g/100g）≥	2.8	
非脂乳固体/（g/100 g）≥	8.1	
酸度/°T	6~13	
氯/（mg/100g）	125~225	
钠钾比	1:2~1:6	

4.4 微生物要求

应符合商业无菌的要求，按 GB 4789.26 规定的方法检验。

4.5 污染物限量

应符合 GB 2762 的规定。

4.6 真菌毒素限量

应符合 GB 2761 的规定。

4.7 净含量允差

应符合《定量包装商品计量监督管理办法》的规定。

4.8 生产加工过程

应符合 GB 12693 的规定。

5 检验方法

5.1 感官检验

5.1.1 色泽和组织状态

取适量试样置于 50 mL 烧杯中，在自然光下观察色泽和组织状态。

5.1.2 滋气味

取适量试样置于 50 mL 烧杯中，先闻气味，然后用温开水漱口，再品尝样品的滋味。

5.2 理化检验

5.2.1 脂肪

按 GB 5009.6 规定的方法进行。

5.2.2 蛋白质

按 GB 5009.5 规定的方法进行。

5.2.3 非脂乳固体

按 GB 5413.39 规定的方法进行。

5.2.4 酸度

按 GB 5009.239 规定的方法进行。

5.2.5 氯

按 GB 5009.44 规定的方法进行。

5.2.6 钠钾比

按 GB 5009.91 规定的方法测定钠含量与钾含量，计算比值。

5.3 净含量允差

按 JJF 1070 规定的方法进行。

6 检验规则

6.1 组批

同一批原料、同一配方连续生产的同一规格的产品为一批。

6.2 出厂检验

每批产品出厂前应对本文件规定的项目进行检验。

6.3 型式检验

型式检验项目为本文件中规定的全部要求，每年应不少于一次。有下列情况之一时，亦应进行：

　　a）新产品正式投产时；

　　b）停产半年以上（含半年）恢复生产时；

　　c）当原料、设备、工艺有较大变化可能影响产品质量时；

　　d）国家质量监督机构提出要求时。

6.4 判定

　　a）检验项目全部符合标准要求，判该批产品合格。

b）检验项目有一项或一项以上（微生物指标除外）不符合要求时，对该批产品加倍抽样，对不符合项进行复检。复检结果合格，判该批产品合格，复检结果仍有不合格项，判该批产品不合格。

c）微生物指标不符合本文件规定时，判该批产品为不合格品，不得复检。

7 标志、包装、运输和贮存

7.1 标志

产品标签应符合 GB 7718 和 GB 28050 以及 GB 25190 中 5 的规定。贮运图示标志应符合 GB/T 191 的规定。

7.2 包装

包装外部应保持清洁，密封严密、无渗漏现象，应采用符合食品安全标准的包装材料。

7.3 运输

运输工具应清洁卫生。不得与有毒、有害、有腐蚀性、易挥发或有异味的物品混装运输。运输中应防止挤压、碰撞、日晒、雨淋。装卸时应轻搬、轻放，严禁抛掷。

7.4 贮存

7.4.1 产品不得与有毒、有害、有腐蚀性、易挥发或有异味的物品同库贮存。

7.4.2 产品应贮存在阴凉、干燥、通风的仓库内。严禁露天堆放、暴晒、雨淋或靠近热源，与地面距离 10 cm 以上，与墙壁距离 20 cm 以上。

7.4.3 产品保质期由生产企业根据包装材质、工艺条件自行确定。

调制山羊乳
Modified goat milk

标 准 号：T/SRX 008—2022
发布日期：2022-09-01　　　　　　　　实施日期：2022-10-01
发布单位：陕西省乳品工业协会

前　　言

本义件按照 GB/T 1.1—2020《标准化工作导则　第一部分：标准化文件的结构和起草规则》的规定起草。

请注意本文件的某些内容可能涉及专利。本文件的发布机构不承担识别专利的责任。本文件由陕西省乳品工业协会提出并归口。

本文件起草单位：陕西优利士乳业有限公司、陕西乳都金羊乳业集团有限公司、西安百跃羊乳集团有限公司、陕西秦龙乳业集团有限公司、陕西雅泰乳业有限公司、陕西美力源乳业集团有限公司、陕西和氏乳业集团有限公司。

本文件主要起草人：何锐、张琦、葛武鹏、张富新、陈合、舒国伟、杨孝成、孟江涛、杜管利、万宏昌、向祝军、李轶超、贾红敏。

本文件为首次发布。

调制山羊乳

1 范围

本文件规定了调制山羊乳的技术要求、检验方法、生产加工过程的卫生要求及标志、包装、运输和贮存。

本文件适用于调制生羊乳。

2 规范性引用文件

下列文件中的内容通过文中的规范性引用而构成本文件必不可少的条款。其中，注日期的引用文件，仅该日期对应的版本适用于本文件；不注日期的引用文件，其最新版本（包括所有的修改单）适用于本文件。

GB/T 191　　包装储运图示标志

GB 2760　　食品安全国家标准　食品添加剂使用标准

GB 2761　　食品安全国家标准　食品中真菌毒素限量

GB 2762　　食品安全国家标准　食品中污染物限量

GB 4789.26　食品卫生微生物学检验　商业无菌检验

GB 5009.5　食品安全国家标准　食品中蛋白质的测定

GB 5009.6　食品安全国家标准　食品中脂肪的测定

GB 5749　　生活饮用水卫生标准

GB 7718　　食品安全国家标准　预包装食品标签通则

GB 12693　食品安全国家标准　乳制品良好生产规范

GB 14880　食品安全国家标准　食品营养强化剂使用标准

GB 25191　食品安全国家标准　调制乳

GB 28050　食品安全国家标准　预包装食品营养标签通则

JJF 1070　　定量包装商品净含量计量检验规则

T/SRX 003　生山羊乳

T/SRX 004　山羊乳粉

定量包装商品计量监督管理办法

3 术语与定义

3.1 调制山羊乳 modified goat milk

以不低于80%的生山羊乳或复原山羊乳为主要原料，经脱脂或不脱脂，添加其他原料或食品添加剂或营养强化剂，采用适当的杀菌或灭菌、无菌灌装工艺制成的液态山羊乳。

4 技术要求

4.1 原料要求

4.1.1 生山羊乳应符合 T/SRX 003 的规定。

4.1.2 山羊乳粉应符合 T/SRX 004 的规定。

4.1.3 其他原料应符合相应的安全标准和/或有关规定。

4.1.4 生产用水应符合 GB 5749 的规定。

4.2 感官要求

应符合表 1 的规定。

表 1 感官要求

项目	要求
色泽	呈调制山羊乳应有的色泽
滋气味	具有调制山羊乳应有的香味，无异味
组织状态	呈均匀一致液体、无凝块、可有与配方相符的辅料的沉淀物、无正常视力可见异物

4.3 理化指标

应符合表 2 的规定。

表 2 理化指标

项目	指标
脂肪 [a]/（g/100g）≥	2.5
蛋白质/（g/100g）≥	2.3
[a] 仅适用于全脂产品	

4.4 微生物限量

4.4.1 采用灭菌工艺生产的调制山羊乳应符合商业无菌的要求，按 GB 4789.26 规定的方法检验。

4.4.2 其他调制山羊乳应符合 GB 25191 的规定。

4.5 污染物限量

应符合 GB 2762 的规定。

4.6 真菌毒素限量

应符合 GB 2761 的规定。

4.7 净含量允差

应符合《定量包装商品计量监督管理办法》的规定。

4.8 食品添加剂和营养强化剂

4.8.1 食品添加剂和营养强化剂质量应符合相应的安全标准和有关规定。

4.8.2 食品添加剂和营养强化剂的使用应符合 GB 2760 和 GB 14880 的规定。

4.8.3 不得添加法律、法规、国家部门规章、食品安全国家标准所许可以外的任何物质。

4.9 生产加工过程

应符合 GB 12693 的规定。

5 检验方法

5.1 感官检验

5.1.1 色泽和组织状态

取适量试样置于 50 mL 烧杯中，在自然光下观察色泽和组织状态。

5.1.2 滋气味

取适量试样置于 50mL 烧杯中，先闻气味，然后用温开水漱口，再品尝样品的滋味。

5.2 理化检验

5.2.1 脂肪

按 GB 5009.6 规定的方法进行。

5.2.2 蛋白质

按 GB 5009.5 规定的方法进行。

5.3 净含量允差

按 JJF 1070 规定的方法进行。

6 检验规则

6.1 组批

同一批原料、同一配方连续生产的同一规格的产品为一批。

6.2 出厂检验

每批产品出厂前应对文件规定的项目进行检验。

6.3 型式检验

型式检验项目为本文件中规定的全部要求，每年应不少于一次，有下列情况之一时，亦应进行：

　　a）新产品正式投产时；

　　b）停产半年以上（含半年）恢复生产时；

　　c）当原料、设备、工艺有较大变化可能影响产品质量时；

　　d）国家质量监督机构提出要求时。

6.4 判定

　　a）检验项目全部符合标准要求，判该批产品合格。

　　b）检验项目有一项或一项以上（微生物指标除外）不符合要求时，对该批产品加倍抽样，对不符合项进行复检。复检结果合格，判该批产品合格，复检结果仍有不合格项，判该批产品不合格。

　　c）微生物指标不符合本文件规定时，判该批产品为不合格品，不得复检。

7 标志、包装、运输和贮存

7.1 标志

产品标签应符合 GB 7718 和 GB 28050 以及 GB 25191 中 5 的规定。贮运图示标志应符合 GB/T 191 的规定。

7.2 包装

包装外部应保持清洁，密封严密、无渗漏现象，应采用符合食品安全标准的包装材料。

7.3 运输

运输工具应清洁卫生。不得与有毒、有害、有腐蚀性、易挥发或有异味的物品混装运输。装卸时应轻搬、轻放，严禁抛掷。运输中应防止挤压、碰撞、日晒、雨淋。

7.4 贮存

7.4.1 产品不得与有毒、有害、有腐蚀性、易挥发或有异味的物品同库贮存。

7.4.2 产品应贮存在阴凉、干燥、通风的仓库内。严禁露天堆放、暴晒、雨淋或靠近热源，与地面距离 10 cm 以上，与墙壁距离 20 cm 以上。

7.4.3 产品保质期由生产企业根据包装材质、工艺条件自行确定。

调制山羊乳
Modified goat milk

标 准 号：T/IMAS 042—2022
发布日期：2022-06-15　　　　　　　　　实施日期：2022-06- 16
发布单位：内蒙古标准化协会

前　　言

本文件按照 GB/T 1.1—2020《标准化工作导则　第 1 部分：标准化文件的结构和起草规则》的规定起草。

本文件由内蒙古自治区农牧业科学院提出。

本文件由内蒙古标准化协会归口。

本文件起草单位：内蒙古自治区农牧业科学院、内蒙古盛健生物科技有限责任公司、呼和浩特市农牧局、内蒙古自治区知识产权保护中心。

本文件主要起草人：王丽芳、宋洁、康博洋、钟华晨、黄洁、刘嘉琳、郭晨阳、连海飞、史培、姚一萍、杨健、张三粉、王璇、丁子辰、张金文、乌日罕、阿仑、武霞霞、田志国。

调制山羊乳

1 范围

本文件规定了调制山羊乳的术语和定义、技术要求、生产、标志、包装、运输、贮存要求。

本文件适用于全脂、脱脂和部分脱脂调制山羊乳。

2 规范性引用文件

下列文件中的内容通过文中的规范性引用而构成本文件必不可少的条款。其中，注日期的引用文件，仅该日期对应的版本适用于本文件；不注日期的引用文件，其最新版本（包括所有的修改单）适用于本文件。

GB 2761 食品安全国家标准 食品中真菌毒素限量
GB 2762 食品安全国家标准 食品中污染物限量
GB 4789.26 食品安全国家标准 食品微生物学检验 商业无菌检验
GB 5009.5 食品安全国家标准 食品中蛋白质的测定
GB 5009.6 食品安全国家标准 食品中脂肪的测定
GB 5009.82 食品安全国家标准 食品中维生素 A、D、E 的测定
GB 5009.84 食品安全国家标准 食品中维生素 B_1 的测定
GB 5009.85 食品安全国家标准 食品中维生素 B_2 的测定
GB 5009.124 食品安全国家标准 食品中氨基酸的测定
GB 5009.168 食品安全国家标准 食品中脂肪酸的测定
GB 5009.239 食品安全国家标准 食品酸度的测定
GB 5009.268 食品安全国家标准 食品中多元素的测定
GB 5413.18 食品安全国家标准 婴幼儿食品和乳品中维生素 C 的测定
GB 5413.39 食品安全国家标准 乳和乳制品中非脂乳固体的测定
GB 7718 食品安全国家标准 预包装食品标签通则
GB 19301 食品安全国家标准 生乳
GB 25191 食品安全国家标准 调制乳
GB/T 27342 危害分析与关键控制点（HACCP）体系 乳制品生产企业要求
GB 29921 食品安全国家标准 预包装食品中致病菌限量
T/IMAS 040 生山羊乳
T/IMAS 041 山羊乳粉

3 术语和定义

下列术语和定义适用于本文件。

3.1 调制山羊乳 modified goat milk

以不低于 80% 的生山羊生乳或复原乳为主要原料，添加其他原料或食品添加剂或

营养强化剂，采用适当的杀菌或灭菌等工艺制成的液体产品。

4 技术要求

4.1 原料要求

4.1.1 生山羊乳

应符合 T/IMAS 040 的要求。

4.2 感官要求

应符合表1的规定。

表1 感官要求

项目	要求	检验方法
色泽	呈乳白色或微黄色	取适量试样置于 50mL 烧杯中，在自然光下观察色泽和组织状态。闻其气味，用温开水漱口，品尝滋味
滋味、气味	具有羊乳固有的香气，无异味	
组织状态	呈均匀一致液体，无凝块、无沉淀、无正常视力可见异物	

4.3 理化指标

应符合表2的规定。

表2 理化指标

项目		指标	检验方法
脂肪[a]/（g/100g）	≥	3.74	GB 5009.6
蛋白质/（g/100g）	≥	3.21	GB 5009.5
非脂乳固体/（g/100g）	≥	8.82	GB 5413.39
酸度/°T		6~13	GB 5009.239
[a]仅适用于全脂调制乳			

4.4 功能性物质

应符合表3的规定。

表3 功能性物质

项目	指标	检验方法
共轭亚油酸 CLA/（mg/L） ≥	142.73	GB 5009.168

4.5 特征性物质

应符合表4的规定。

表 4　特征性物质

项目		指标	检验方法
辛酸 C8:0 /%	≥	1.00	GB 5009.168
癸酸 C10:0 /%	≥	2.67	

4.6　污染物限量

应符合 GB 2762 的规定。

4.7　真菌毒素限量

应符合 GB 2761 的规定。

4.8　调制乳微生物要求

菌落总数和大肠菌群应符合 GB 25191 的规定，致病菌应符合 GB 25191 和 GB 29921 的规定。

4.9　其他营养物质含量

其他营养物质含量参见附录 A。

5　生产、标识、包装、贮存、运输

应符合 GB 7718 和 GB/T 27342 的规定。

6　其他

应符合 GB 25191 的规定。

附录 A
（资料性）
其他营养物质含量推荐值

A.1 氨基酸

氨基酸见表 A.1。

表 A.1 氨基酸

项目		指标	检验方法
苏氨酸 Thr/%	≥	0.149	GB 5009.124
缬氨酸 Val/%	≥	0.225	
蛋氨酸 Met/%	≥	0.070	
异亮氨酸 Ile/%	≥	0.145	
亮氨酸 Leu/%	≥	0.320	
苯丙氨酸 Phe/%	≥	0.157	
赖氨酸 Lys/%	≥	0.287	
组氨酸 His/%	≥	0.132	
总必需氨基酸 TEAA/%	≥	1.485	
天冬氨酸 Asp/%	≥	0.237	
丝氨酸 Ser/%	≥	0.193	
谷氨酸 Glu/%	≥	0.712	
甘氨酸 Gly/%	≥	0.053	
丙氨酸 Ala/%	≥	0.098	
胱氨酸 Cys/%	≥	0.021	
酪氨酸 Tyr/%	≥	0.141	
脯氨酸 Pro/%	≥	0.152	
精氨酸 Arg/%	≥	0.075	
总非必需氨基酸 TNEAA/%	≥	1.682	
总氨基酸 TAA/%	≥	3.167	

A.2 脂肪酸

脂肪酸见表 A.2。

表 A.2 脂肪酸

项目		指标	检验方法
丁酸 C4:0/%	≥	1.88	GB 5009.168
己酸 C6:0/%	≥	1.40	
十一烷酸 C11:0/%	≥	0.06	
月桂酸 C12:0/%	≥	3.18	
十三烷酸 C13:0/%	≥	0.10	

（续表）

项目		指标	检验方法
肉豆蔻酸 C14: 0/%	≥	10.32	
十五烷酸 C15: 0/%	≥	1.03	
棕榈酸 C16: 0/%	≥	31.56	
十七烷酸 C17: 0/%	≥	0.60	
硬脂酸 C18: 0/%	≥	11.58	
花生酸 C20: 0/%	≥	0.22	
二十一碳酸 C21: 0/%	≥	0.04	
山蓣酸 C22: 0/%	≥	0.026	
肉豆蔻烯酸 c9 C14: 1/%	≥	0.87	
顺-10-十五烯酸 c10 C15: 1/%	≥	0.01	
棕榈油酸 c9 C16: 1/%	≥	1.60	
顺-10-十七烯酸 c10 C17: 1/%	≥	0.29	
反-9-油酸 t9 C18: 1/%	≥	0.45	
油酸 c9 C18: 1/%	≥	24.05	GB 5009.168
顺-11-二十烯酸 c11 C20: 1/%	≥	0.08	
芥酸 c13 C22: 1/%	≥	0.21	
反-9,12-亚油酸 t9,12 C18: 2/%	≥	0.57	
亚油酸 c9,12 C18: 2/%	≥	2.71	
γ-亚麻酸 c6,9,12 C18: 3/%	≥	0.30	
α-亚麻酸 c9,12,15 C18: 3/%	≥	0.06	
顺-11,14-二十碳二烯酸 c11,14 C20: 2/%	≥	0.22	
短链脂肪酸/%	≥	1.88	
中链脂肪酸/%	≥	8.31	
长链脂肪酸/%	≥	86.89	
饱和脂肪酸 SFA/%	≥	65.67	
单不饱和脂肪酸 MUFA/%	≥	27.56	
多不饱和脂肪酸 PUFA/%	≥	3.85	

A.3 矿物质

矿物质见表 A.3。

表 A.3 矿物质

分类	项目		指标	检验方法
常量矿物质	钾/（mg/100 mL）	≥	79.42	GB 5009.268
	钙/（mg/100 mL）	≥	53.86	
	钠/（mg/100 mL）	≥	27.18	
	磷/（mg/100 mL）	≥	20.86	
	镁/（mg/100 mL）	≥	4.54	
微量矿物质	铁/（mg/100 mL）	≥	0.85	
	锌/（mg/100 mL）	≥	0.0029	

A.4 维生素

维生素见表 A.4。

表 A.4 维生素

分类	项目		指标	检验方法
水溶性维生素	VB_1/（mg/100 mL）	≥	76.0	GB 5009.84
	VB_2/（mg/100 mL）	≥	35.0	GB 5009.85
	VC/（mg/100 mL）	≥	667.0	GB 5413.18
脂溶性维生素	VA/（mg/100 mL）	≥	2.1	GB 5009.82
	VE/（mg/100 mL）	≥	2.0	GB 5009.82

发酵山羊乳
Fermented goat milk

标 准 号：T/SRX 007—2023
发布日期：2023-09-01　　　　　　　实施日期：2023-10-01
发布单位：陕西省乳品工业协会

前　　言

本标准按照 GB/T 1.1—2020《标准化工作导则　第一部分：标准化文件的结构和起草规则》的规定起草。

请注意本标准的某些内容可能涉及专利。本文件的发布机构不承担识别专利的责任。

本标准由陕西省乳品工业协会提出并归口。

本标准起草单位：陕西优利士乳业有限公司、陕西乳都金羊乳业集团有限公司、陕西美力源乳业集团有限公司、陕西雅泰乳业有限公司、陕西和氏乳业集团有限公司、陕西秦龙乳业集团有限公司、西安百跃羊乳集团有限公司、西安市军源牧业有限责任公司。

本标准主要起草人：张琦、何锐、葛武鹏、张富新、陈合、王军旗、舒国伟、杨孝成、向祝军、万宏昌、李轶超、杜管利、孟江涛、贾红敏。

本标准代替 T/SRX 007—2022《陕西省乳品工业协会团体标准　发酵山羊乳》。

发酵山羊乳

1 范围

本文件规定了发酵山羊乳的术语和定义、技术要求、检验方法、生产加工过程的卫生要求及标志、包装、运输和贮存。

本文件适用于发酵山羊乳。

2 规范性引用文件

下列文件中的内容通过文中的规范性引用而构成本文件必不可少的条款。其中，注日期的引用文件，仅该日期对应的版本适用于本文件；不注日期的引用文件，其最新版本（包括所有的修改单）适用于本文件。

GB/T 191   包装储运图示标志

GB 2760   食品安全国家标准 食品添加剂使用标准

GB 2761   食品安全国家标准 食品中真菌毒素限量

GB 2762   食品安全国家标准 食品中污染物限量

GB 4789.1   食品安全国家标准 食品微生物学检验   总则

GB 4789.3   食品安全国家标准 食品微生物学检验   大肠菌群计数

GB 4789.4   食品安全国家标准 食品微生物学检验   沙门氏菌检验

GB 4789.10   食品安全国家标准 食品微生物学检验   金黄色葡萄球菌检验

GB 4789.15   食品安全国家标准 食品微生物学检验   霉菌和酵母计数

GB 4789.18   食品安全国家标准 食品微生物学检验   乳与乳制品检验

GB 4789.35   食品安全国家标准 食品微生物学检验   乳酸菌检验

GB 5009.5   食品安全国家标准 食品中蛋白质的测定

GB 5009.6   食品安全国家标准 食品中脂肪的测定

GB 5009.239   食品安全国家标准 食品酸度的测定

GB 5413.39   食品安全国家标准 乳和乳制品中非脂乳固体的测定

GB 5749   生活饮用水卫生标准

GB 7718   食品安全国家标准 预包装食品标签通则

GB 12693   食品安全国家标准 乳制品良好生产规范

GB 14880   食品安全国家标准 食品营养强化剂使用标准

GB 28050   食品安全国家标准 预包装食品营养标签通则

GB 19302   食品安全国家标准 发酵乳

JJF 1070   定量包装商品净含量计量检验规则

T/SRX 003   生山羊乳

T/SRX 004   山羊乳粉

定量包装商品计量监督管理办法

3 术语和定义

3.1 发酵山羊乳 fermented goat milk

仅以生山羊乳或山羊乳粉为原料，经杀菌、发酵后制成的 pH 值降低的产品。

3.1.1 酸山羊乳 goat yoghurt

仅以生羊乳或山羊乳粉为原料，经杀菌、接种嗜热链球菌和保加利亚乳杆菌（德式乳杆菌保加利亚亚种）发酵制成的产品。

3.2 风味发酵山羊乳 flavored fermented goat milk

以 80%以上生山羊乳或山羊乳粉为原料，添加其他原料，经杀菌、发酵后 pH 值降低，发酵前或后添加或不添加食品添加剂、营养强化剂、果蔬、谷物等制成的产品。

3.2.1 风味酸山羊乳 flavored goat yoghurt

以 80%以上生山羊乳或山羊乳粉为原料，添加其他原料，经杀菌、接种嗜热链球菌和保加利亚乳杆菌（德式乳杆菌保加利亚亚种）发酵前或后添加或不添加食品添加剂、营养强化剂、果蔬、谷物等制成的产品。

4 技术要求

4.1 原料要求

4.1.1 生山羊乳应符合 T/SRX 003 的规定。

4.1.2 山羊乳粉应符合 T/SRX 004 的规定。

4.1.3 其他原料应符合相应的安全标准和/或有关规定。

4.1.4 发酵菌种应为保加利亚乳杆菌（德式乳杆菌保加利亚亚种）、嗜热链球菌或其他由国务院卫生行政部门批准使用的菌种。

4.2 感官要求

应符合表 1 的规定。

表 1 感官要求

项目	要求	
	发酵山羊乳	风味发酵山羊乳
色泽	色泽均匀一致，呈乳白色	具有与添加成分相符的色泽
滋气味	具有发酵山羊乳特有的滋味、气味	具有与添加成分相符的滋味、气味
组织状态	细腻、均匀，允许有少量乳清析出；风味发酵山羊乳具有添加成分特有的组织状态	

4.3 理化指标

应符合表 2 的规定。

表 2 理化指标

项目	指标	
	发酵山羊乳	风味发酵山羊乳
脂肪 a/（g/100g）	3.1	2.5
非脂乳固体/（g/100g）	8.1	—
蛋白质/（g/100g）	2.9	2.3
酸度/°T	70.0	
a 仅适用于全脂产品		

4.4 微生物限量

应符合表 3 的规定。

表 3 微生物限量

项目	采样方案 b 及限量			
	n	c	m	M
大肠菌群/（CFU/g）	5	2	1	5
金黄色葡萄球菌/（CFU/g）	5	0	0/25g（mL）	–
沙门氏菌/（CFU/g）	5	0	0/25g（mL）	–
酵母/（CFU/g） ≤	100			
霉菌/（CFU/g） ≤	30			
b 样品的分析及处理按 GB 4789.1 和 GB 4789.18 执行				

4.5 乳酸菌数

应符合表 4 的规定。

表 4 乳酸菌数

项目	限量
乳酸菌数 c(/ CFU/g) ≥	$1×10^6$
c 发酵后经热处理的产品对乳酸菌数不作要求	

4.6 污染物限量

应符合 GB 2762 的规定。

4.7 真菌毒素限量

应符合 GB 2761 的规定。

4.8 净含量允差

应符合《定量包装商品计量监督管理办法》的规定。

4.9 食品添加剂和营养强化剂

4.9.1 食品添加剂和营养强化剂质量应符合相应的安全标准和有关规定。

4.9.2 食品添加剂和营养强化剂的使用应符合 GB 2760 和 GB 14880 的规定。

4.9.3 不得添加法律、法规、国家部门规章、食品安全国家标准许可以外的任何物质。

4.10 生产加工过程

应符合 GB 12693 的规定。

5 检验方法

5.1 感官检验

5.1.1 色泽和组织状态

取适量试样置于 50 mL 烧杯中，在自然光下观察色泽和组织状态。

5.1.2 滋气味

取适量试样置于 50 mL 烧杯中，先闻气味，然后用温开水漱口，再品尝样品的滋味。

5.2 理化检验

5.2.1 脂肪

按 GB 5009.6 规定的方法进行。

5.2.2 蛋白质

按 GB 5009.5 规定的方法进行。

5.2.3 非脂乳固体

按 GB 5413.39 规定的方法进行。

5.2.4 酸度

按 GB 5009.239 规定的方法进行。

5.2.5 乳酸菌数

按 GB 4789.35 规定的方法进行。

5.3 微生物限量

5.3.1 样品的分析及处理

按 GB 4789.1 和 GB 4789.18 执行。

5.3.2 大肠菌群

按 GB 4789.3 规定的方法进行。

5.3.3 金黄色葡萄球菌

按 GB 4789.10 规定的方法进行。

5.3.4 沙门氏菌

按 GB 4789.4 规定的方法进行。

5.3.5 酵母和霉菌

按 GB 4789.15 规定的方法进行。

5.4 净含量允差

按 JJF 1070 规定的方法进行。

6 检验规则

6.1 组批

同一批原料、同一配方连续生产的同一规格的产品为一批。

6.2 出厂检验

每批产品出厂前应对文件规定的项目进行检验。

6.3 型式检验

型式检验项目为本文件中规定的全部要求，每年应不少于一次，有下列情况之一时，亦应进行：

　　a）新产品正式投产时；

　　b）停产半年以上（含半年）恢复生产时；

　　c）当原料、设备、工艺有较大变化可能影响产品质量时；

　　d）国家质量监督机构提出要求时。

6.4 判定

　　a）检验项目全部符合标准要求，判该批产品合格。

　　b）检验项目有一项或一项以上（微生物指标除外）不符合要求时，对该批产品加倍抽样，对不符合项进行复检。复检结果合格，判该批产品合格，复检结果仍有不合格项，判该批产品不合格。

　　c）微生物指标不符合本文件规定时，判该批产品为不合格品，不得复检。

7 标志、包装、运输和贮存

7.1 标志

产品标签应符合 GB 7718、GB 28050 和 GB 19302 中 5 的规定。贮运图示标志应符合 GB/T 191 的规定。

7.2 包装

包装外部应保持清洁，密封严密、无渗漏现象，应采用符合安全标准的包装材料。

7.3 运输

产品运输时应采用冷藏工具（温度控制在 2~6℃），应避免日晒、雨淋。不得与有毒、有害、有腐蚀性、易挥发或有异味的物品混装运输。装卸时应轻搬、轻放，严禁抛掷。

7.4 贮存

7.4.1 产品不得与有毒、有害、有腐蚀性、易挥发或有异味的物品同库贮存。

7.4.2 产品应在 2~6℃ 的条件下贮存，严禁露天堆放、暴晒、雨淋或靠近热源，与地面距离 10 cm 以上，与墙壁距离 20 cm 以上。

7.4.3 产品保质期由生产企业根据包装材质、工艺条件自行确定。

山羊乳粉
Goat milk powder

标 准 号：T/SRX 004—2022
发布日期：2022-09-01　　　　　　　　实施日期：2022-10-01
发布单位：陕西省乳品工业协会

前　　言

本文件按照 GB/T 1.1—2020《标准化工作导则　第一部分：标准化文件的结构和起草规则》的规定起草。

请注意本文件的某些内容可能涉及专利。本文件的发布机构不承担识别专利的责任。

本文件由陕西省乳品工业协会提出并归口。

本文件起草单位：陕西优利士乳业有限公司、陕西乳都金羊乳业集团有限公司、陕西秦龙乳业集团有限公司、西安百跃羊乳集团有限公司、陕西和氏乳业集团有限公司、陕西美力源乳业集团有限公司、陕西雅泰乳业有限公司。

本文件主要起草人：何锐、张琦、葛武鹏、张富新、陈合、舒国伟、杨孝成、杜管利、孟江涛、李轶超、向祝军、万宏昌。

本文件为首次发布。

山羊乳粉

1 范围

本文件规定了山羊乳粉的术语和定义、技术要求、检验方法、生产加工过程的卫生要求及标志、包装、运输和贮存。

本文件适用于全脂山羊乳粉、脱脂山羊乳粉。

2 规范性引用文件

下列文件中的内容通过文中的规范性引用而构成本文件必不可少的条款。其中，注日期的引用文件，仅该日期对应的版本适用于本文件；不注日期的引用文件，其最新版本（包括所有的修改单）适用于本文件。

GB/T 191　　　包装储运图示标志

GB 2761　　　食品安全国家标准　食品中真菌毒素限量

GB 2762　　　食品安全国家标准　食品中污染物限量

GB 4789.1　　食品安全国家标准　食品微生物学检验　总则

GB 4789.2　　食品安全国家标准　食品微生物学检验　菌落总数测定

GB 4789.3　　食品安全国家标准　食品微生物学检验　大肠菌群计数

GB 4789.4　　食品安全国家标准　食品微生物学检验　沙门氏菌检验

GB 4789.10　食品安全国家标准　食品微生物学检验　金黄色葡萄球菌检验

GB 4789.18　食品安全国家标准　食品微生物学检验　乳与乳制品检验

GB 5009.3　　食品安全国家标准　食品中水分的测定

GB 5009.4　　食品安全国家标准　食品中灰分的测定

GB 5009.5　　食品安全国家标准　食品中蛋白质的测定

GB 5009.6　　食品安全国家标准　食品中脂肪的测定

GB 5009.44　食品安全国家标准　食品中氯化物的测定

GB 5009.91　食品安全国家标准　食品中钾、钠的测定

GB 5009.169　食品安全国家标准　食品中牛磺酸的测定

GB 5009.239　食品安全国家标准　食品酸度的测定

GB 5413.30　食品安全国家标准　乳和乳制品杂质度的测定

GB 7718　　　食品安全国家标准　预包装食品标签通则

GB 12693　　食品安全国家标准　乳制品良好生产规范

GB 19644　　食品安全国家标准　乳粉

GB 28050　　食品安全国家标准　预包装食品营养标签通则

GB 29202　　食品安全国家标准　食品添加剂　氮气

JJF 1070　　　定量包装商品净含量计量检验规则

RHB 201　　　全脂乳粉感官评鉴细则

RHB 202　　　脱脂乳粉感官评鉴细则

T/SRX 003　　生山羊乳

定量包装商品计量监督管理办法

3　术语和定义

下列术语和定义适用于本文件。

3.1　全脂山羊乳粉 whole goat milk powder

仅以生山羊乳为原料，经杀菌、浓缩、喷雾干燥、包装而制成的粉状产品。

3.2　脱脂山羊乳粉 skimmed goat milk powder

仅以生山羊乳为原料，经脱脂、杀菌、浓缩、喷雾干燥、包装而制成的粉状产品。

4　技术要求

4.1　原料要求

生山羊乳应符合 T/SRX 003 的规定。

4.2　感官要求

应符合表 1 的规定。

表 1　感官要求

项目	要求	
	全脂山羊乳粉	脱脂山羊乳粉
色泽	呈均匀一致的乳白色或淡乳黄色	呈均匀一致的乳白色
滋气味	稍甜微咸，具有山羊乳特有的风味	具有脱脂山羊乳粉应有的滋气味
组织状态	干燥、均匀的粉末，无结块	

4.3　理化指标

应符合表 2 的规定。

表 2　理化指标

项目	指标	
	全脂山羊乳粉	脱脂山羊乳粉
脂肪/（g/100g）	≥ 26.0	≤ 1.5
蛋白质/（g/100g）　　≥	非脂乳固体[a]的34%	
复原乳酸度/°T	7~14	
氯/（mg/100g）	1 000~1 800	1 700~2 500
钠钾比	1：2~1：6	
牛磺酸/（mg/100g）	40~80	50~110
杂质度/（mg/kg）　　≤	16	

（续表）

项目		指标	
		全脂山羊乳粉	脱脂山羊乳粉
水分/（g/100g） ≤		5.0	4.0
灰分/（g/100g） ≤		7.2	9.2
ª非脂乳固体/%=100%-脂肪（%）-水分（%）-灰分（%）			

4.4 微生物限量
应符合表3的规定。

表3 微生物限量

项目	要求			
	n	c	m	M
菌落总数/（CFU/g）	5	2	10 000	50 000
大肠菌群/（CFU/g）	5	1	10	100
金黄色葡萄球菌/（CFU/g）	5	0	0/25g	—
沙门氏菌/（CFU/g）	5	0	0/25g	—

4.5 污染物限量
应符合 GB 2762 的规定。

4.6 真菌毒素限量
应符合 GB 2761 的规定。

4.7 净含量允差
应符合《定量包装商品计量监督管理办法》的规定。

4.8 生产加工过程
应符合 GB 12693 的规定。

5 检验方法

5.1 感官检验

5.1.1 全脂山羊乳粉
按 RHB 201 规定的方法进行。

5.1.2 脱脂山羊乳粉
按 RHB 202 规定的方法进行。

5.2 理化指标

5.2.1 水分
按 GB 5009.3 规定的方法进行。

5.2.2 灰分

按 GB 5009.4 规定的方法进行。

5.2.3 蛋白质

按 GB 5009.5 规定的方法进行。

5.2.4 脂肪

按 GB 5009.6 规定的方法进行。

5.2.5 复原乳酸度

按 GB 5009.239 规定的方法进行。

5.2.6 杂质度

按 GB 5413.30 规定的方法进行。

5.2.7 氯

按 GB 5009.44 规定的方法进行。

5.2.8 钠钾比

按 GB 5009.91 规定的方法测定钠含量与钾含量，计算比值。

5.2.9 牛磺酸

按 GB 5009.169 规定的方法进行。

5.3 净含量允差

按 JJF 1070 规定的方法进行。

5.4 微生物限量

菌落总数、大肠菌群、金黄色葡萄球菌、沙门氏菌分别按 GB 4789.2、GB 4789.3、GB 4789.10 和 GB 4789.4 规定的方法检验。

6 检验规则

6.1 组批

同一批原料、同一配方连续生产的同一规格的产品为一批。

6.2 出厂检验

每批产品出厂前应对文件规定的项目进行检验。

6.3 型式检验

型式检验项目为本文件规定的全部要求，型式检验每年应不少于一次。有下列情况之一时，亦应进行：

a）新产品正式投产时；

b）停产半年以上（含半年）恢复生产时；

c）当原料、设备、工艺有较大变化可能影响产品质量时；

d）国家质量监督机构提出要求时。

6.4 判定规则

a）检验项目全部符合标准要求，判该批产品合格。

b）检验项目有一项或一项以上（微生物指标除外）不符合要求时，在该批产品中加倍抽样，对不符合项进行复检。复检结果合格，判该批产品合格，复检结果仍有不合格项，判该批产品不合格。

c）微生物指标不符合本文件规定时，判该批产品为不合格品，不得复检。

7　标志、包装、运输和贮存

7.1　标志

产品标签应符合 GB 7718、GB 28050 的规定。贮运图示标志应符合 GB/T 191 的规定。

7.2　包装

包装外部应保持清洁，密封严密、无渗漏现象，应采用符合食品安全标准的包装材料。

7.3　运输

运输工具应清洁卫生。不得与有毒、有害、有腐蚀性、易挥发或有异味的物品混装运输。运输中应防止挤压、碰撞、日晒、雨淋。装卸时应轻搬、轻放，严禁抛掷。

7.4　贮存

7.4.1　产品不得与有毒、有害、有腐蚀性、易挥发或有异味的物品同库贮存。

7.4.2　产品应贮存在阴凉、干燥、通风的仓库内。严禁露天堆放、暴晒、雨淋或靠近热源，与地面距离 10 cm 以上，与墙壁距离 20 cm 以上。

7.4.3　产品保质期由生产企业根据包装材质、工艺条件自行确定。

【企业标准】

绵羊生乳
Raw goat milk

标 准 号：Q/GSYS0001S—2021
发布日期：2021-01-08   实施日期：2021-01-08
发布单位：甘肃元生农牧科技有限公司

前　　言

本标准根据 GB/T 1.1—2020 规定起草。

本标准由甘肃元生农牧科技有限公司提出并负责起草。

本标准主要起草人：宋宇轩、张希云、周勇、张磊、安小鹏、葛武鹏、王毕妮、张爱平、张金生、曹雄芳。

本标准于 2021 年 01 月 08 日首次发布并实施。

绵羊生乳

1 范围

本标准规定了绵羊生乳的术语和定义、指标及其要求，生产过程的卫生要求、技术要求、试验方法、检验规则、运输及贮存。

本标准适用于绵羊生乳，经前药浴、擦拭乳房、挤弃观察头三把奶、挤奶、后药浴、原乳过滤、冷却（2~4℃）、贮乳等工序生产的无任何成分改变的生乳。本标准不适用于即食生乳。

2 规范性引用文件

下列文件对于本文件的应用是必不可少的。凡是注日期的引用文件，仅注日期的版本适用于本标准。凡是不注日期的引用文件，其最新版本（包括所有的修改单）适用于本文件。

GB 2762　　　食品安全国家标准　食品中污染物限量
GB 14881　　　食品安全国家标准　食品生产通用卫生规范
GB 4789.1　　　食品安全国家标准　食品微生物学检验　总则
GB 4789.2　　　食品安全国家标准　食品微生物学检验　菌落总数测定
GB 4789.4　　　食品安全国家标准　食品微生物学检验　沙门氏菌检验
GB 4789.10　　食品安全国家标准　食品微生物学检验　金黄色葡萄球菌检验
GB 29921　　　食品安全国家标准　食品中致病菌限量
GB 5009.5　　　食品安全国家标准　食品中蛋白质的测定
GB 5009.12　　食品安全国家标准　食品中铅的测定
GB 5009.11　　食品安全国家标准　食品中总砷及无机砷的测定
GB 5009.17　　食品安全国家标准　食品中总汞的测定
GB 5009.33　　食品安全国家标准　食品中亚硝酸盐的测定
GB 5009.123　食品安全国家标准　食品中铬的测定
GB 5413.30　　食品安全国家标准　乳和乳制品杂质度的测定
GB 5413.33　　食品安全国家标准　生乳相对密度的测定
GB 5413.38　　食品安全国家标准　生乳冰点的测定
GB 5413.39　　食品安全国家标准　乳和乳制品中非脂乳固体的测定
GB 5009.46　　食品安全国家标准　乳与乳制品卫生标准的分析方法
GB 19301　　　食品安全国家标准　食品安全国家标准　生乳
GB 12693　　　乳制品企业良好卫生规范
NY/T 2362　　　生乳储运技术规范
JJF 1070　　　定量包装商品净含量计量检验规则
原国家质量监督检验检疫总局令第 75 号《定量包装商品计量监督管理办法》

原国家质量监督检验检疫总局令第 123 号《食品标识管理规定》

3 术语和定义

绵羊生乳：从符合国家有关要求的健康绵羊乳房中挤出的无任何成分改变的常乳。产犊后七天的初乳、应用抗生素期间和休药期间的乳汁、变质乳不应用作生乳。

4 技术要求

4.1 感官要求

应符合表 1 的规定。

表 1　感官要求

项目	要求	检验方法
色泽	呈乳白色或微黄色	取适量试样于 50 mL 烧杯中，在自然光下观察色泽和组织状态。闻其味，用温开水漱口，品尝滋味
滋味、气味	具有乳固有的香味、无异味	
组织状态	呈均匀一致的液体，无凝块、无沉淀、无正常视力可见异物	

4.2 理化指标

应符合表 2 的规定。

表 2　理化指标

项目		指标	检验方法
冰点[a]		−0.500～−0.70	GB 5413.38
相对密度（20℃/4℃）	≥	1.027	GB 5413.33
蛋白质/（g/100g）	≥	5.0	GB 5009.5
脂肪/（g/100g）	≥	6.0	GB 5413.3
非脂乳固体/（g/100g）	≥	11.0	GB 5413.39
杂质度/（mg/100g）	≤	4.0	GB 5413.30
[a] 挤出 3 h 后检测			

4.3 有害物质限量

应符合表 3 的规定。

表 3　有害物质限量指标

项目		指标	检验方法
铅（以 Pb 计）/（mg/kg）	≤	0.05	GB 5009.12
总汞（以 Hg 计）/（mg/kg）	≤	0.01	GB 5009.17

项目		指标	检验方法
铬（以 Cr 计）／（mg/kg）	≤	0.3	GB 5009.123
总砷（以 As 计）／（mg/kg）	≤	0.1	GB 5009.11
亚硝酸盐（以 $NaNO_2$ 计）／（mg/kg）	≤	0.4	GB 5009.33

4.4 微生物限量

应符合表4的规定。

表4 微生物限量

项目		指标	检验方法
菌落总数／（CFU/g） ≤		$5×10^5$	GB 4789.2
致病菌	沙门氏菌／（25 g/mL）	不得检出	GB 4789.4
	金黄色葡萄球菌／（25 g/mL）	不得检出	GB 4789.10

4.5 农药残留和兽药残留限量

4.5.1 农药残留应符合 GB 2763 及国家有关规定和公告。

4.5.2 兽药残留应符合国家相关规定和公告。

5 生产过程中的卫生要求

5.1 挤奶场所应整洁、干净；挤奶前要对乳房用温水清洗；装乳的器皿应清洗消毒并有防蝇防尘措施。

5.2 鲜奶收购应符合 GB 12693 的规定。

6 检验规则

6.1 组批

同一班次、同一条生产线、同一工艺所生产的同一规格产品为一批。

6.2 抽样

从同一批次的产品中随机抽取检验用样品和备用样品，抽样数量为 3 kg，1.5 kg 用于检验，1.5 kg 用于留样。

6.3 出厂检验

6.3.1 产品出厂前须经本厂检验部门检验合格并签发合格证（或成品放行单）后方可出厂。

6.3.2 出厂检验项目感官、相对密度、蛋白质、菌落总数为每批必检项目。

6.4 型式检验

6.4.1 在正常生产时，每6个月进行一次。有下列情况之一时亦应进行：

　　a）新产品投入生产时；

　　b）停产6个月以上恢复生产时；

c）生产主要设备或关键工艺发生变化时；

d）质量监督机构提出要求时。

6.4.2 型式检验项目为技术要求中 4.1~4.5 全部项目。

6.5 判定规则

6.5.1 检验项目全部合格，判该批产品合格。

6.5.2 检验项目如有不合格项，应加倍抽样复检。复检如仍不合格，则判该批产品为不合格。

6.5.3 微生物项目有一项不合格，则判该批产品不合格，不得复检。

7 运输和贮存

7.1 运输

7.1.1 运输绵羊奶时必须用密闭的、洁净的、经过消毒的专用冷链储运罐运输。

7.1.2 严禁与有毒、有害、有腐蚀性、易挥发或有异味的物品混贮、混运。

7.1.3 搬运时应轻拿轻放，严禁扔摔、撞击、挤压。

7.1.4 在运输过程中，防止暴晒、雨淋。

7.2 贮存

绵羊乳从羊体挤出后 30 分钟内降低到 0~4℃储存。生鲜绵羊乳应储存于密闭、洁净、经消毒的容器中。并符合 NY/T 2362 的要求。

8 保质期

在符合本标准规定的贮运条件下，产品自生产之日起保质期为 3~4 天。

超滤营养绵羊奶

标 准 号：Q/MN0001S—2022
发布日期：2022-08-16   实施日期：2022-09-01
发布单位：蒙牛高科乳制品（马鞍山）有限公司

前　　言

本食品安全企业标准按照 GB/T—1.1《标准化工作导则　第 1 部分：标准的结构和编写》给出的规则起草。

本食品安全企业标准依据《中华人民共和国食品安全法》《国家卫生计生委办公厅关于进一步加强食品安全标准管理工作的通知》（国卫办食品函〔2016〕733 号）等相关的规定，并结合本公司产品特性情况，组织起草了《食品安全企业标准　超滤营养绵羊奶》标准。

本食品安全企业标准所有内容应符合食品安全国家标准及食品安全地方标准等有关安全标准规定，若与其相抵触时，以食品安全国家标准及食品安全地方标准等有关安全标准为准。

本企业对本食品安全企业标准的合法性、真实性、准确性、技术合理性和实施后果负责。

本标准由蒙牛高科乳制品（马鞍山）有限公司提出。

本标准由低温事业部产品研发中心负责起草并归口。

本标准由蒙牛高科乳制品（马鞍山）有限公司批准。

本标准主要起草人：李树森、邓凤生、赵凯、王琳、安金影、魏忠志。

本标准自发布之日起有效期 3 年，到期复审。

超滤营养绵羊奶

1 范围

本标准规定了超滤营养绵羊奶的术语和定义、技术要求、生产加工过程要求、食品添加剂和营养强化剂。

本标准适用于全脂、脱脂和部分脱脂超滤营养绵羊奶。

2 规范性引用文件

下列文件对于本文件的应用是必不可少的。凡是注日期的引用文件，仅所注日期的版本适用于本文件。凡是不注日期的引用文件，其最新版本（包括所有的修改单）适用于本文件。

GB/T 191	包装储运图示标志
GB 2760	食品安全国家标准 食品添加剂使用标准
GB 2761	食品安全国家标准 食品中真菌毒素限量
GB 2762	食品安全国家标准 食品中污染物限量
GB 4789.1	食品安全国家标准 食品微生物学检验 总则
GB 4789.2	食品安全国家标准 食品微生物学检验 菌落总数测定
GB 4789.3	食品安全国家标准 食品微生物学检验 大肠菌群计数
GB 4789.4	食品安全国家标准 食品微生物学检验 沙门氏菌检验
GB 4789.10	食品安全国家标准 食品微生物学检验 金黄色葡萄球菌检验
GB 4789.18	食品安全国家标准 食品微生物学检验 乳与乳制品检验
GB 5009.5	食品安全国家标准 食品中蛋白质的测定
GB 5009.6	食品安全国家标准 食品中脂肪的测定
GB 5009.11	食品安全国家标准 食品中总砷及无机砷的测定
GB 5009.12	食品安全国家标准 食品中铅的测定
GB 5009.17	食品安全国家标准 食品中总汞及有机汞的测定
GB 5009.24	食品安全国家标准 食品中黄曲霉毒素 M 族的测定
GB 5009.92	食品安全国家标准 食品中钙的测定
GB 5009.123	食品安全国家标准 食品中铬的测定
GB 7718	食品安全国家标准 预包装食品标签通则
GB 12693	食品安全国家标准 乳制品良好生产规范
GB 14880	食品安全国家标准 食品营养强化剂使用标准
GB 14881	食品安全国家标准 食品生产通用卫生规范
GB 19301	食品安全国家标准 生乳
GB/T 22388	原料乳与乳制品中三聚氰胺检测方法
GB 25191	食品安全国家标准 调制乳

GB 28050　　　食品安全国家标准　预包装食品营养标签通则
JJF 1070　　　定量包装商品净含量计量检验规则
国家市场监督管理总局令（2005）第75号《定量包装商品计量监督管理办法》

3　术语和定义

3.1　超滤营养绵羊奶

以不低于80%的生绵羊乳为主要原料，通过全部分离或部分分离或不分离脂肪、经过过滤设备包括超滤等膜过滤处理，添加或不添加其他原料或食品添加剂或营养强化剂，采用适当的杀菌或灭菌等工艺制成的产品。

4　技术要求

4.1　原料要求

4.1.1　生绵羊乳：应符合GB 19301的规定

4.1.2　其他原料：应符合相应的安全标准和/或有关规定。

4.2　感官要求

应符合表1的规定。

表1　感官要求

项目	要求	检验方法
色泽	呈生绵羊乳与配方相符的辅料应有的色泽	取适量试样置于50 mL烧杯中，在自然光下观察色泽和组织状态。闻其气味，用温开水漱口，品尝滋味
滋味、气味	具有生绵羊乳与配方相符的辅料应有的香味，无异味	
组织状态	呈均匀一致液体，无凝块、可有与配方相符的辅料的沉淀物、无正常视力可见异物	

4.3　理化指标

应符合表2的规定。

表2　理化指标

项目	指标	检验方法
脂肪/（g/100g）	≥2.5（仅适用于全脂的产品）	GB 5009.6
	≤1.5（仅适用于低脂的产品）	
	≤0.5（仅适用于脱脂的产品）	
蛋白质*/（g/100g）　≥	4.5	GB 5009.5
钙/（mg/100g）　≥	120	GB 5009.92
*代表严于国家标准项目		

4.4 污染物限量

污染物限量中"铅""总汞""总砷""铬"和"三聚氰胺"应符合表 3 的规定，其他污染物限量指标应符合 GB 2762 中调制乳的规定。

表 3　污染物限量

项目	指标	检验方法
铅*（以 Pb 计）/（mg/kg）　　≤	0.02	GB 5009.12
总汞（以 Hg 计）/（mg/kg）　　≤	0.01	GB 5009.17
总砷（以 As 计）/（mg/kg）　　≤	0.1	GB 5009.11
铬（以 Cr 计）/（mg/kg）　　≤	0.3	GB 5009.123
三聚氰胺/（mg/kg）	不得检出	GB/T 22388
*代表严于国家标准项目		

4.5 真菌毒素限量

真菌毒素限量中"黄曲霉毒素 M_1"应符合表 4 的规定，其他真菌毒素限量指标应符合 GB2761 中调制乳的规定。

表 4　真菌毒素限量

项目	指标	检验方法
黄曲霉毒素 M_1/（μg/kg）　　≤	0.5	GB 5009.24

4.6 微生物限量

微生物限量应符合表 5 的规定，其他微生物限量按照 GB 25191 的规定。

表 5　微生物限量

项目	采样[a] 方案及限量（若非指定，均以 CFU/g 或 CFU/mL 表示）				检验方法
	n	c	m	M	
菌落总数	5	2	50 000	100 000	GB 4789.2
大肠菌群	5	2	1	5	GB 4789.3 平板计数法
金黄色葡萄球菌	5	0	0/25g（mL）	—	GB 4789.10
沙门氏菌	5	0	0/25g（mL）	—	GB 4789.4
[a]样品的分析及处理按 GB 4789.1 和 GB 4789.18 执行					

4.7 净含量

净含量应符合国家质量监督检验检疫总局令（2005）第 75 号《定量包装商品计量监督管理办法》的规定，按 JJF 1070 规定的方法检验。

5 生产加工过程要求

生产加工过程应符合 GB 14881、GB 12693 的规定。

6 食品添加剂和食品营养强化剂

6.1 食品添加剂

6.1.1 食品添加剂的质量应符合相应的食品安全标准和有关规定。

6.1.2 食品添加剂的使用应符合 GB 2760 调制乳及相关的规定。

6.2 食品营养强化剂

6.2.1 食品营养强化剂的质量应符合相应的食品安全标准和有关规定。

6.2.2 食品营养强化剂的使用应符合 GB 14880 调制乳及相关的规定。

7 检验规则

7.1 组批

同一生产日期，同一生产条件下生产的同一品种的产品为一批。

7.2 抽样

参照蒙牛集团内部产品监控计划执行。

7.3 型式检验

产品在正常生产时每年型式检验不少于 1 次，出现下列情况时亦进行型式检验：

a. 新产品投产时；

b. 停产 1 年以上恢复生产时；

c. 原料、配方、生产工艺、设备有较大改变，影响产品质量时；

d. 出厂检验结果与上次型式检验结果有较大差异时；

e. 食品安全监督机构提出要求时；

f. 对产品进行型式检验时，应对本标准技术要求中规定的全部项目进行检验。

8 标志、包装、运输、贮存

8.1 标志

8.1.1 预包装食品标签应符合 GB 7718、GB 28050 的规定。

8.2 包装

8.2.1 包装材料应符合相应的食品安全标准的规定。

8.2.2 包装应完整，封口严密，无破损，内容物无裸露现象。包装箱应牢固、胶封、捆扎结实。

8.3 运输

8.3.1 产品运输工具必须清洁、卫生。产品不得与有毒、有害、有腐蚀性、易挥发或者有异味的物品混装运输。

8.3.2 需要冷藏的产品应于 2~10℃ 的冷藏环境中运输。

8.3.3 搬运时应轻拿轻放，严禁扔摔、撞击、挤压。

8.4 贮存

8.4.1 产品不得与有毒、有害、有腐蚀性或者有异味的物品同库贮存。

8.4.2 产品如需要贮存在冷藏环境中，温度应处于 2~10℃，其他产品执行常温储存；严禁露天堆放、日晒、雨淋或靠近热源；包装箱底部必须垫有 100 mm 以上的材料。

8.4.3 保质期：根据不同的生产工艺及包装材料测试结果，制定产品保质期。

附录 A

（资料性附录）

本标准适用的生产企业名单

本标准适用集团公司总部、集团下属子（分）公司、委托加工或者授权制造的企业，具体的生产企业及生产企业地址见表 A.1。

表 A.1　本标准适用的生产企业名单

生产企业名称	生产企业地址
内蒙古蒙牛乳业（集团）股份有限公司	内蒙古呼和浩特市和林格尔盛乐经济园区
内蒙古蒙牛达能乳制品有限公司	内蒙古自治区呼和浩特市和林格尔县盛乐经济园区蒙牛一厂大楼
蒙牛高科乳制品（北京）有限责任公司	北京市通州区食品工业园区一区 1 号北侧
通辽市蒙牛乳制品有限责任公司	内蒙古通辽市经济技术开发区辽河大街以北甘旗卡路以西
沈阳蒙牛达能乳制品有限公司	辽宁省沈阳市沈北新区沈北路 121-2 号
蒙牛乳制品（天津）有限责任公司	天津市武清区京滨工业园
蒙牛乳制品（泰安）有限责任公司	山东省泰安市高新技术产业开发区中天门大街 669 号
蒙牛乳制品（焦作）有限公司	河南省焦作市城乡一体化示范区神州路
蒙牛高科乳制品（马鞍山）有限公司	安徽省马鞍山市马鞍山经济技术开发区红旗南路 123 号
金华蒙牛当代乳制品有限公司	浙江省金华市婺城区汤溪镇经发街以东、龙丘路以北
蒙牛乳业（清远）有限公司	广东省清远高新技术产业开发区建设三路 17 号
蒙牛高科乳制品武汉有限责任公司	湖北省武汉市东西湖区东吴大道 27 号
蒙牛乳业（眉山）有限公司	四川省眉山市经济开发区科工园三路中段
天津华明乳业有限公司	天津市武清区徐官屯工贸大街 150 号
本溪木兰花乳业有限责任公司	辽宁省本溪经济技术开发区红柳路 360-9A
邢台德玉泉食品有限公司	河北省邢台市信都区皇寺镇郭村路口
金华银河生物科技有限公司	浙江省金华市婺城区金西开发区东区块（金华银河生物科技有限公司房产）
兰州庄园牧场股份有限公司	甘肃省兰州市榆中县三角城乡三角城村
内蒙古蒙牛奶酪有限责任公司	内蒙古自治区呼和浩特市和林格尔县盛乐经济园区 209 国道路东 内蒙古蒙牛乳业（集团）股份有限公司一厂院内

三、养殖管理规范

【行业标准】

奶山羊饲养管理技术规范

标 准 号：NY/T 2835—2015
发布日期：2015-10-09　　　　　　　　实施日期：2015-12-01
发布单位：中华人民共和国农业部

前　　言

本标准按照 GB/T　1.1—2009 给出的规则起草。

本标准由农业部畜牧业司提出。

本标准由全国畜牧业标准化技术委员会（SAC/TC 274）归口。

本标准起草单位：山东农业大学、山东省畜牧总站、青岛市畜牧兽医研究所、文登市畜牧兽医服务中心。

本标准主要起草人：王建民、王桂芝、曲绪仙、赵金山、程明、李培培、褚建刚、战汪涛、秦孜娟、侯磊、王存芳。

奶山羊饲养管理技术规范

1 范围

本标准规定了奶山羊的饲养管理、挤奶操作、日常管理和生产记录的基本要求。本标准适用于奶山羊养殖场、养殖小区和养殖户。

2 规范性引用文件

下列文件对本文件的应用是必不可少的。凡是注日期的引用文件，仅注日期的版本适用于本文件。凡是不注日期的引用文件，其最新版本（包括所有的修改单）适用于本文件。

GB/T 8186　　　挤奶设备　结构与性能

GB 16548　　　病害动物和病害动物产品生物安全处理规程

GB/T 18407.5　农产品安全质量　无公害乳与乳制品产地环境要求

GB 18596　　　畜禽养殖业污染物排放标准

GB 19301　　　食品安全国家标准　生乳

GB 50039　　　农村防火规范

NY/T 1167　　　畜禽场环境质量及卫生控制规范

NY/T 2169　　　种羊场建设标准

NY/T 2362　　　生乳贮运技术规范

NY 5027　　　无公害食品　畜禽饮用水水质

NY 5339　　　无公害食品　畜禽饲养兽医防疫准则

中华人民共和国农业部公告〔2008〕第 1137 号　乳用动物健康标准

中华人民共和国农业部公告〔2009〕第 1224 号　饲料添加剂安全使用规范

中华人民共和国农业部公告〔2010〕第 1519 号　禁止在饲料和动物饮水中使用的物质

中华人民共和国农业部农牧发〔2009〕4 号　生鲜乳收购站标准化管理技术规范

3 术语和定义

下列术语和定义适用于本文件。

3.1 奶山羊 dairy goat

以生产羊奶为主要经济用途的山羊。

3.2 羔羊 kid

处于哺乳期的羊只。

3.3 哺乳期 suckling period

羔羊从出生到断奶的时间，可分为初乳期（出生到 5 d）、常乳期（6～60 d）和奶料过渡期（61～120 d）3 个阶段。

3.4 青年羊 doeling and buckling

从断奶到第一次配种的公羊和母羊。

3.5 妊娠母羊 pregnant goat

从配种妊娠到产羔分娩期间的母羊，可分为妊娠前期（约 3 个月）和妊娠后期（约 2 个月）2 个阶段。

3.6 泌乳期 lactation period

从母羊产羔后开始泌乳到停止产奶的时间，可分为初期（产后 1~20 d）、盛期（21~120 d）、中期（121~210 d）和末期（211~300 d）4 个阶段。

3.7 干奶期 dry period

母羊停止产奶到下一次分娩产羔的时间。

3.8 初乳 colostrum

母羊产羔后 5 d 以内所生产的奶。

3.9 常乳 common milk

母羊产羔后 6d 至干奶期前所生产的奶。

3.10 全混合日粮 total mixed ration，TMR

根据奶山羊不同饲养阶段的营养需要，把切短的粗饲料、青贮饲料、精饲料以及各种饲料添加剂进行科学配比，经过饲料搅拌机充分混合后得到的全价日粮。

4 基本要求

4.1 环境控制

4.1.1 养殖场（小区）的周边环境应符合 GB/T 18407.5 的规定。

4.1.2 羊场建设应符合 NY/T 2169 的规定，并有专用通道衔接挤奶厅（站）。

4.1.3 挤奶厅（站）的卫生条件要求应符合中华人民共和国农业部农牧发〔2009〕4 号的规定 。

4.1.4 饮用水水质应达到 NY 5027 的要求。

4.1.5 场内环境质量及卫生控制按照 NY/T 1167 的规定执行。

4.1.6 羊只防疫应符合 NY 5339 的规定。

4.1.7 羊场污染物排放标准应符合 GB 18596 的规定。

4.1.8 病害羊只及其产品的生物安全处理应符合 GB 16548 的规定。

4.2 饲料加工

4.2.1 储备草料应充分利用当地资源，每只奶山羊全年的草料储备量参见表 A.1。

4.2.2 原料库应与成品库分开，防止霉烂、潮湿和混入杂质，防火符合 GB 50039 的规定。

4.2.3 使用饲料添加剂应符合中华人民共和国农业部公告〔2009〕第 1224 号的规定。

4.2.4 日粮中不得使用中华人民共和国农业部公告〔2010〕第 1519 号目录中所列出的物质。

4.2.5 青粗饲料与精饲料应分开加工备用，提倡按照饲养标准加工配制全混合日粮。

5 泌乳母羊的饲养管理

5.1 泌乳初期

5.1.1 产羔 3 d 之内，任母羊自由采食优质青干草，喂给少量精饲料和多汁饲料。

5.1.2 产羔 4 d 以后，逐渐增加多汁饲料、精饲料、青贮饲料喂量。在精料喂量增加过程中，如发现母羊的乳房、食欲和粪便状况表现异常，应立即调整。

5.1.3 产羔 5 d 以后，开始定时进行机器挤奶或手工挤奶，每天挤奶次数为 2 次。

5.1.4 产羔 14 d 以后，把精饲料增加到正常喂量，达到每日每只 0.5~0.7 kg，干物质采食量达到体重的 3%~4%。

5.2 泌乳盛期

5.2.1 产后 21 d 开始，随着日产奶量上升，每天每只母羊增加精饲料 50~80 g，达到每产 1 kg 奶的精料喂量为 0.35 kg 时，停止增料，并维持较长时间。

5.2.2 饲草料要求适口性好、种类多、质量好。应做到定时定量，保证充足饮水和食盐供给。

5.2.3 可在精饲料中添加 1% 的小苏打，防止瘤胃积食或酸中毒。

5.2.4 机器挤奶次数保持为每天 2 次，手工挤奶次数可调整为每天 3 次。

5.3 泌乳中期

5.3.1 不得随意改变饲料、饲养方法及工作日程。

5.3.2 多供给营养丰富、适口性好的青绿多汁饲料。

5.3.3 保证饮水清洁，自由饮用。每天挤奶次数为 2 次。

5.3.4 后期适当减少低产母羊的精饲料供应量。

5.4 泌乳末期

5.4.1 随着产奶量下降，应继续减少精饲料喂量，多喂给优质粗饲料。

5.4.2 及时发现发情母羊。对第一次参加配种的母羊，可利用试情公羊进行发情鉴定。

5.4.3 适时安排配种，即早上发现的发情母羊，当日下午配种；下午发现的发情母羊，次日早上配种。提倡采用重复配种法，即第一次配种后 6~8 h，再用同一只公羊复配。

5.4.4 按月检查母羊返情及流产情况，对经两个情期配种未孕的母羊应及时检查和治疗。

5.5 干奶期

5.5.1 高产母羊应实行逐渐干奶方法。在计划干奶前 10~15 d 开始变更饲料，逐渐减少多汁饲料喂量，限制精饲料和饮水，减少挤奶次数，直至终止泌乳。

5.5.2 低产母羊应实行快速干奶法。在预定干奶的当天，充分按摩乳房，将乳挤净后即可停止挤奶。同时，停喂多汁饲料，控制精料和饮水。

5.5.3 在干奶过程中，如发现乳房出现红肿、热、疼或奶中混有血液凝块时，不应停止挤乳，待恢复正常后再行干奶。

5.5.4 产前 20 d 要适当减少粗饲料给量，增加精饲料喂量。体重 60 kg 左右的母羊给精饲料 0.6~0.8 kg。产前乳房肿胀严重的母羊，要控制精饲料喂量。

5.5.5 不应饮用冰冻的水，不应空腹饮水，水温以 10℃ 以上为宜。

6 羔羊和青年羊培育

6.1 羔羊

6.1.1 新生羔羊要擦净口、鼻周围黏液,在距脐部 3 cm 处剪断脐带,并用 5%碘酊消毒。羔羊能站立时,擦净母羊乳房,挤去头两把奶,再辅助羔羊吃到初乳,并进行临时编号。

6.1.2 哺乳期的羔羊饲养方案参见表 A.2。

6.1.3 初乳期羔羊应保留在产房,跟随母羊自然哺乳,要做到早吃、勤吃、多吃。

6.1.4 常乳期羔羊应与母羊分开,转入羔羊舍进行人工喂奶。每天应进行 1~2 次驱赶运动。

6.1.5 开始喂奶时,奶温控制在 38℃左右,把奶放入碗中,让羔羊做吮吸练习。待教会后,再把盛奶的器皿放到固定架上让羔羊自由饮用,每天喂奶次数和奶量参见表 A.2。

6.1.6 羔羊出生后 10 d 左右应进行去角、佩戴永久性耳标和训练吃优质青干草,生后 14 d 开始教吃精饲料,30 d 后开始喂青绿饲料。

6.1.7 羔羊 2 月龄以前应饮用温开水,至断奶可自由饮用常温水。

6.1.8 羔羊 2 月龄以后逐步减少喂奶次数和奶量,断奶前的日粮完全过渡到饲草料。

6.2 青年羊培育

6.2.1 日粮应以优质青粗饲料为主、精饲料为辅,精饲料喂量为每日每只 0.25~0.45 kg。

6.2.2 公、母羊应分群饲养,每天强制运动 1.5 h 左右,膘情体况控制在中等以上。

6.2.3 母羊应在 8 月龄、体重达到 30 kg 以上时安排配种;公羊应在 10 月龄、体重达到 40 kg 以上参加配种。

7 种公羊饲养管理

7.1 配种期

7.1.1 合理配置日粮。混合精料中蛋白质含量应占 20%左右;青粗饲料要体积小和适口性好,并保障矿物质和维生素的供给量。

7.1.2 青年羊与成年羊应分圈饲养。每天喂料 2~3 次,自由饮水,运动量控制在 2 h 左右。

7.1.3 配种季节宜在每年 8—11 月,应根据系谱等信息提前制订选配计划。

7.1.4 采用人工辅助交配方法,公母比例为 1∶(20~30)。提倡采用鲜精稀释人工授精技术。

7.1.5 应控制配种强度,每天配种或采精 2 次,每周至少安排休息 2 d。

7.1.6 配种结束后,应适当加强运动,逐渐减少精饲料喂量,直至达到非配种期饲养水平。

7.2 非配种期

7.2.1 应采用集中饲养方式。每天喂料 3~4 次,自由饮水,并保持适当的运动量。

7.2.2 日粮应以优质青粗饲料为主,适量补充精饲料。

7.2.3 进入配种期前 1.5 个月，逐步调整为配种期日粮。

8 挤奶操作与卫生要求

8.1 基础设施

8.1.1 规模养殖场（小区）应建有挤奶厅或挤奶间，配备待挤区、储奶间、设备间、更衣室等设施。应有瓷砖墙裙，地面防渗防滑，下水道保持通畅。

8.1.2 生鲜乳收购站的建造位置、道路分区、墙壁地面、配套设施和粪污处理等均应符合中华人民共和国农业部农牧发〔2009〕4 号的要求。

8.2 机械设备

8.2.1 挤奶方式分为手工挤奶和机械挤奶。规模养殖场应采用机械挤奶。挤奶设备类型主要有移动式挤奶车和固定式挤奶台。前者适于产奶母羊 100 只左右的羊场，后者适于产奶母羊 200 只以上的羊场。

8.2.2 挤奶厅应根据饲养规模、单班挤奶时间确定挤奶位数。用于收集生鲜乳的管道、储奶罐、运输罐及相关部件的材质应符合 GB/T 8186 的规定。

8.2.3 每天定时检查挤奶设备的真空泵、集乳器等主要部件，每年定期由专业技术工程师对设备进行一次全面检修与保养，确保正常运转。

8.3 人员要求

8.3.1 工作人员每年至少应体检一次，应有健康合格证。应建立员工健康档案。

8.3.2 羊场管理者应熟悉奶业管理相关法律法规，熟悉生鲜乳生产、收购相关专业知识。

8.3.3 挤奶人员须保持相对稳定，挤奶前应修剪指甲，穿着经过消毒的工作服、工作鞋以及工作帽，洗净双手，并经紫外线消毒。

8.4 操作规范

8.4.1 有下列情况之一的奶山羊不得入厅挤奶：
　　——正在使用抗菌药物治疗以及不到规定的停药期的羊；
　　——产羔 5 d 内的羊；
　　——患有乳房炎的羊；
　　——不符合中华人民共和国农业部公告〔2008〕第 1137 号相关规定的羊。

8.4.2 挤奶机开动后，检查机器是否正常。适宜的参数是：脉动真空度为 45～50 kPa，脉动频率为每分钟 85～90 次，节拍比为 60/40。

8.4.3 挤奶前，先用 35～45℃温水清洗乳房、乳头，再用专用药液药浴乳头 15～20 s，最后用专用毛巾擦干。药浴液应在每班挤奶前现用现配，并保证有效的药液浓度。

8.4.4 手工将头三把奶挤到专用容器中，检查是否有凝块、絮状物或水样物，乳样正常的羊方可上机挤奶。乳样异常时，应对羊只单独挤奶，单独存放，不得混入正常生鲜乳中。

8.4.5 应将奶杯稳妥地套在乳头上。挤奶时间为 3～5 min，出奶较少时应对乳房进行自上而下的按摩，防止空挤。

8.4.6 挤奶结束后，应在关闭集乳器真空 2～3 s 后再移去奶杯，并再次进行乳头药浴浸泡 3～5 s。

8.4.7　手工挤奶应采用拳握式，开始用力宜轻，速度稍慢，待排乳旺盛时，加快挤乳速度，达到每分钟 80~110 次，最后应注意把奶挤净。

8.4.8　挤出的生鲜乳应在 2 h 之内冷却到 0~4℃ 保存。储奶罐内生鲜乳温度应为 0~4℃。

8.5　质量检测

8.5.1　生鲜乳的常规检测应按 GB 19301 的规定执行。

8.5.2　生鲜乳在储奶罐的储存时间不应超过 48 h，储存和运输应符合 NY/T 2362 的要求。

9　日常管理技术

9.1　编号

9.1.1　初生羔羊可采用穿耳线等方法进行临时编号，主要信息是羔羊的出生序号。注意公羊用单数、母羊用双数，应与繁殖记录中的母羊编号相对应。

9.1.2　羔羊 10 日龄左右应采用耳标法进行永久编号。编号顺序是：前面为出生年份的后两位数，后面为当年羔羊的出生序号。

9.1.3　在给羊只进行编号标记时，要避开耳朵上的血管，固定耳标应在靠近耳根处。

9.2　刷拭

9.2.1　应坚持每天对青年羊和种羊刷拭一次体表。刷拭工具有鬃刷、草根刷和钝齿铁梳等。

9.2.2　体表的刷拭顺序是自上而下、从前往后。刷拭到乳房部位时，应小心操作。

9.2.3　挤奶时和饲喂时不得刷拭。

9.3　修蹄

9.3.1　应经常检查蹄部是否正常。修蹄最好选择在蹄部角质变软时进行。

9.3.2　舍饲羊只每隔 2 个月需要修蹄 1 次，放牧羊只在放牧期开始和结束时各修蹄 1 次。

9.4　驱虫

9.4.1　应在每年的初春和秋末各驱虫 1 次。每次驱虫后 7~10 d，应安排重复驱虫。

9.4.2　针对当地羊只寄生虫的种类和特点，选用广谱低毒、安全有效的驱虫药品。

9.5　药浴

9.5.1　应在每年春末和秋初各药浴 1 次。药浴要选择天气晴朗无风时进行。药浴前，要让羊只充分饮水。

9.5.2　每群羊应配置一次药液。药浴顺序为：先小羊后大羊，先健康羊后病羊。

10　生产记录档案

10.1　羊场生产记录内容

10.1.1　育种与繁殖记录应包括品种、数量、种羊系谱、配种繁殖记录和生长发育情况等。

10.1.2　奶羊进出场记录应包括羊只来源、进出场时间、出售去向和购羊者信息等。

10.1.3　投入品使用记录应包括饲料、饲料添加剂、兽药等物品的来源、名称、使用对象、时间和用量，以及饲草料储备、入库和使用情况。

10.1.4 生鲜乳生产记录应包括挤奶设备保养维修、个体产奶量和生鲜乳储存等。

10.1.5 卫生防疫治疗记录应包括检疫、免疫、消毒、发病、治疗、死亡和无害化处理情况。

10.2 生鲜乳销售检测记录

10.2.1 生鲜乳销售记录应载明生鲜乳装载量、装运地、运输车辆牌照及准运证明、承运人姓名、装运时间、装运时生鲜乳温度等。

10.2.2 生鲜乳检测记录应载明检测人员、检测项目、检测结果和检测时间等。

10.3 记录使用和管理

10.3.1 建立健全生产记录档案管理制度，设专人负责，妥善保管各种生产记录和生鲜乳销售检测记录。

10.3.2 定期对各种原始记录进行统计分析，查找问题，及时采取改善措施。

附录 A

（资料性附录）

奶山羊饲草料储备和羔羊饲养方案

A.1 每只奶山羊全年各种饲草料的储备量

见表 A.1。

表 A.1 每只奶山羊全年各种饲草料的储备量   单位：kg

群别	干草	青贮料	块根类	食盐	精饲料	全奶
种公羊	350~400	900	150	4.5	300	—
种母羊	350~400	900~1 000	150	4.5	400~600	—
青年羊	250	450	50	2.5	200	—
羔羊	20~30	20		0.5	10	75

A.2 哺乳期羔羊饲养方案

见表 A.2。

表 A.2 哺乳期羔羊饲养方案

日龄/d	全乳		混合精料/ [g/（d·只）]	青干草/ [g/（d·只）]	青草或青贮/ [g/（d·只）]
	次数	g/次			
1~5	自由				
6~10	4	220			
11~20	4	250	30	60	
21~30	4	300	45	80	50
31~40	4	350	65	100	80
41~50	4	350	90	120	100
51~60	3	300	120	150	150
61~70	3	300	150	200	200
71~80	2	250	180	240	250
81~90	1	200	220	240	300

【地方标准】

奶山羊饲养技术规程

标 准 号：DB32/T4428—2022
发布日期：2022-12-31　　　　　　　　　实施日期：2023-01-31
发布单位：江苏省市场监督管理局

前　言

本文件按照 GB/T 1.1— 2020《标准化工作导则　第 1 部分：标准化文件的结构和起草规则》的规定起草。

请注意本文件的某些内容可能涉及专利 。本文件的发布机构不承担识别专利的责任。

本文件由江苏省畜牧业标准化技术委员会提出并归口。

本文件起草单位：江苏丘陵地区镇江农业科学研究所、镇江市农业农村局。

本文件主要起草人：花卫华、聂德华、单吴书、张文文、何振兴。

奶山羊饲养技术规程

1 范围

本文件规定了奶山羊的品种选择与引种、饲养、饲料、饲养管理、配种、疾病防治、挤奶管理、羊奶加工与贮运、记录等要求。

本文件适用于奶山羊的饲养。

2 规范性引用文件

下列文件中的内容通过文中的规范性引用而构成本文件必不可少的条款。其中，注日期的引用文件，仅该日期对应的版本适用于本文件。不注日期的引用文件，其最新版本（包括所有的修改单）适用于本文件。

GB/T 13078 饲料卫生标准

GB/T 19301 鲜乳卫生标准

GB/T 19526 羊寄生虫病防治技术规范

NY/T 3052 舍饲肉羊饲养管理技术规范

3 术语和定义

本文件没有需要界定的术语和定义。

4 品种选择与引种

4.1 品种选择

一般选择萨能奶山羊、关中奶山羊或者崂山奶山羊。

4.2 引种

种羊应来源于具有种畜禽生产经营许可证的种畜禽场，羊群健康状况良好，有完整的系谱资料、免疫记录，引入前按照当地畜牧主管部门的要求进行检疫。

5 饲养

5.1 饲养方式及规模

宜采用高床舍饲的饲养方式，每栋羊舍规模以 100~200 只为宜。

5.2 羊舍

采用双列式，羊舍宽 7.5~8.0 m，长度以 30~50 m 为宜，檐高 2.5~3.0 m。中间设置走道，两侧布置高架羊床，走道宽度为 1.5~2.0 m，与两侧门相通。

5.3 羊舍面积

羊舍面积按照饲养量、种类设定，种公羊 1.5~2.0 m²/只、妊娠和产奶母羊 1.0~1.5 m²/只、哺乳母羊1.5~2.0 m²/只、育成羊 0.8~1.0 m²/只。

5.4 羊舍地面

羊舍走道采用水泥地面，高架区域采用三合土地面。

5.5 羊床

采用漏缝羊床，羊床距离地面高度以 40~50 cm 为宜。漏缝羊床可用木条或竹片做成，也可采用商品羊床成品，长、宽根据高架的需要设计，漏缝宽度以 1.2~1.5 cm 为宜。

5.6 运动场

羊舍外设运动场，采用 150 cm×100 cm 防滑台阶与羊舍相连，一般为羊舍面积的 2~3 倍，场内地面应平坦、排水通畅。

5.7 粪污处理

粪污应进行综合利用和无害化处理，选择堆积发酵或还田利用的处理方式，定时人工清粪，夏季建议每月 1~2 次，粪便通过收集、清扫，运至固定堆集场地。

6 饲料

饲料以青、粗饲料为主，根据饲养对象的不同，合理搭配精饲料以满足营养需要。宜充分利用本地秸秆、牧草资源。所用饲料应符合 GB/T 13078 的规定，同时使用具有产品合格标志的饲料添加剂。

7 饲养管理

7.1 基本要求

各类羊的基本饲养要求应符合 NY/T 3052 的规定。

7.2 哺乳羔羊

羔羊出生后尽快吃到初乳。10 日龄后开始补饲青草或青干草，15 日龄后宜补饲精饲料，饲喂量随日龄增长逐渐增加。根据羔羊生长发育情况，可选择 60 日龄左右断奶。

7.3 育成羊

断奶至 10 月龄的育成羊，公、母分群饲养，并保证充足的运动，日粮以青、粗饲料为主，每天补充适量的精饲料。同时根据生长发育记录选留优秀的个体作为后备种母羊和种公羊。

7.4 妊娠母羊

日粮以青、粗饲料为主，妊娠前期（前 3 个月）根据母羊体况补饲精饲料；妊娠后期（后 2 个月）增加精饲料的饲喂量，并保持适当的运动和光照。临产前 7 天，减少精饲料饲喂量，并做好产前准备。

7.5 泌乳母羊

7.5.1 泌乳前期（0~20 d）

泌乳前期母羊以恢复体况为主，自由采食青饲料。7 d 后可根据体况调整饲喂日粮，补饲精饲料。

7.5.2 泌乳中期（20~210 d）

日粮主要为青饲料和精饲料，精饲料占日粮的 40%~50%，保证充足的饮水；在泌乳下降时，根据营养情况逐渐减少精饲料供给。

7.5.3 泌乳后期（210~300 d）

减少青饲料和精饲料的饲喂，日粮以粗饲料为主。

7.5.4 干奶期

泌乳羊泌乳 10 个月或妊娠后期时，进行干乳，干奶前 10~15 d 停用青饲料，日粮以粗饲料为主，少量的精饲料，同时减少挤奶次数，连续 3 d 检查乳房，直到完全干奶为止。

7.6 种公羊

种公羊单圈饲养，保持适量的运动，膘情中上等、健壮、活泼、精力充沛、性欲旺盛。日粮以青、粗饲料为主，适量补充精饲料，配种前 50~60 d 增加精饲料饲喂量，配种结束后逐渐减少精饲料饲喂量。

8 配种

8.1 初配年龄

母羊 10~12 月龄，体重 30~35 kg；公羊 12 月龄，体重 40 kg 以上开始配种。

8.2 配种时期

可根据实际生产情况安排配种，每年的 4—5 月和 9—11 月为主要配种时期。

8.3 配种方法

采用人工辅助交配或人工授精。

8.4 配种时间

母羊发情后 12~15 h 进行第 1 次配种，间隔 10~12 h 进行复配。

9 疫病防治

9.1 卫生消毒

定期对羊舍及周围环境进行消毒，所用消毒剂应广谱、高效、低毒、无副作用。

9.2 常规免疫

根据本地区奶山羊疫病的发生、流行情况，结合实际养殖情况，制订具体的常规免疫计划。

9.3 寄生虫

寄生虫病防治应符合 GB/T 19526 的规定。泌乳羊严格执行休药期的管理，每年3—4 月及 9—10 月各驱虫 1 次。根据季节动态，夏天进入梅雨季节后，建议增加驱虫1~2 次。

9.4 常见病的治疗

奶山羊的常见病根据病因对症下药，所使用药品应安全、高效、无残留。

10 挤奶管理

10.1 场地选择

挤奶场地靠近羊舍，同时要通风良好，清洁卫生、干燥，环境中无异味，场地面积按单次挤奶羊数量设定，2.0~2.5 m²/只。

10.2 挤奶方式

推荐使用机器挤奶。

10.3 挤奶时间、次数

根据实际生产情况定时挤奶，一般日产奶量 4 kg 以上的每天可挤奶 2~3 次。

10.4 挤奶操作

挤奶前用 40~50℃ 温毛巾热敷乳房，擦拭干净后挤奶，挤奶后用质量分数为 0.1%

的碘伏封闭乳头。如果发现乳孔闭塞、乳房炎症、乳汁异常等情况要及时治疗，并弃奶。

11　羊奶加工贮运

生鲜乳应符合 GB/T 19301 的规定，挤奶后将鲜羊奶过滤去除杂质，加入巴氏灭菌机灭菌。灭菌后于 0~4℃冷藏贮运。

12　记录

记录内容包括引进、购入、配种、产羔、产奶量记录；种羊系谱记录；饲料配方及饲料消耗记录；免疫接种和疫病防治记录。所有资料应妥善保存。

奶山羊养殖技术规范 第 11 部分：机器挤奶
Technical Specifications for Dairy Goat Farming—
Part 11：Mechanical milking

标 准 号：DB61/T 1521. 11—2021
发布日期：2021-12-17　　　　　实施日期：2022-01-17
发布单位：陕西省市场监督管理局

前　　言

DB61/T 1521《奶山羊养殖技术规范》分为如下部分：
——第 1 部分：关中奶山羊良种鉴定；
——第 2 部分：引进奶山羊良种鉴定；
——第 3 部分：双基因良种选育；
——第 4 部分：种公羊饲养管理；
——第 5 部分：后备羊培育；
——第 6 部分：泌乳奶山羊健康养殖；
——第 7 部分：人工授精；
——第 8 部分：胚胎移植；
——第 9 部分：苜蓿半干青贮；
——第 10 部分：疫病防控；
——第 11 部分：机器挤奶。
本部分为 DB61/T 1521 的第 11 部分。

本部分根据 GB/T 1. 1—2020《标准化工作导则 第 1 部分：标准化文件的结构和起草规则》的规则起草。

本部分由西北农林科技大学提出。

本部分由陕西省农业农村厅归口。

本部分起草单位：西北农林科技大学、陕西省动物研究所、陕西省畜牧技术推广总站、杨凌职业技术学院、陕西省乳品工业协会、陕西关中奶山羊产业研究院、陕西省奶山羊养殖工程技术研究中心、陕西省羊产业技术创新与产业发展战略联盟、陕西省羊乳产品质量监督检验中心、宝鸡市畜牧兽医中心、陇县畜产局、泾阳县动物卫生监督所。

本部分主要起草人：安小鹏、曹芳君、葛武鹏、侯金星、张艳、田秀娥、李广、张宏兴、张琦、文静、王鹏飞、陆梅、林志峰、闫柏平、魏志杰、李杰。

本部分由西北农林科技大学负责解释。

本部分首次发布。

联系信息如下：

单位：西北农林科技大学

电话：029-87092102

地址：陕西杨凌示范区西农路 22 号

邮编：712100

奶山羊养殖技术规范　第11部分：机器挤奶

1　范围

　　本部分规定了对奶山羊养殖中挤奶人员、产奶羊、机器挤奶操作要求、羊奶冷却、贮存、运输、清洗、消毒要求。

　　本部分适用于规模养殖场奶山羊机器挤奶。

2　规范性引用文件

　　下列文件中的内容通过文中的规范性引用而构成本文件必不可少的条款。其中，注日期的引用文件，仅该日期对应的版本适用于本文件；不注日期的引用文件，其最新版本（包括所有的修改单）适用于本文件。

　　GB 16568　奶牛场卫生规范

　　《乳用动物健康标准》（中华人民共和国农业部公告　第1137号）

3　术语和定义

　　下列术语和定义适用于本部分。

3.1　机器挤奶 machine milking

　　选用专用设备，进行挤奶的方法。

3.2　挤奶机 milking machine

　　根据奶羊乳房及乳头形状大小及泌乳方式，研制的专用挤奶设备，分为移动式和固定式。

3.3　脉动频率 pulsation frequency

　　挤奶器中每分钟内气体和真空状态交替变化的次数。

3.4　脉动节拍比 pulsation ratio

　　每一次大气和真空状态交替变化中，各自所占用的时间比值。

4　挤奶人员

4.1　挤奶人员应持健康证上岗并定期体检，符合 GB 16568 中的有关规定。

4.2　挤奶前应通过培训，人员相对固定。

4.3　挤奶员应着标准工作服、帽、胶鞋等，保持工作服清洁卫生。

4.4　爱护羊只，减少应激。

5　产奶羊

5.1　产奶羊应健康、无疾病。

5.2　分娩5 d以上的奶山羊方可参加机器挤奶。

5.3　生产无抗奶的奶山羊方可参加机器挤奶。

5.4　分泌异常乳（如含有血液、絮片、水样、体细胞计数超标等）的奶山羊不能参与挤奶。

5.5　激素处理过 10 d 以内的奶山羊不能参与机器挤奶。

5.6　不符合《乳用动物健康标准》相关规定的奶山羊不能参与挤奶。

6　机器挤奶操作要求

6.1　挤奶前应做好下列准备，严禁使用暴力驱赶羊群：

　　a）认真检查挤奶设备运转情况；

　　b）检查赶羊通道各处门是否正常开启或关闭；

　　c）准备足够干燥清洁的无菌毛巾（纸巾）；

　　d）在挤奶机料槽内加充足的精料补充料；

　　e）药浴液装入药浴杯。

6.2　用 40℃的温水清洗乳房，并用专用毛巾或湿巾擦拭干净，轻柔按摩乳房。

6.3　头 3 把奶挤到专用容器中，检查羊奶是否有凝块、絮状物或水样，奶正常的羊方可继续挤奶；如果出现异常，应单独挤奶，严禁混入正常奶中，应将异常情况及时报告兽医处理。

6.4　擦干乳房后及时套上挤奶杯组，套杯时避免空气进入杯组中。

6.5　挤奶过程中观察真空稳定情况和挤奶杯组奶流情况，检查脉动频率、脉动节拍比，适当调整奶杯组的位置。

6.6　挤奶结束后，轻柔按摩乳房，并迅速进行乳头药浴。

7　羊奶冷却、储存、运输

7.1　冷却

羊奶应先进入冷热交换器，预冷后再进入奶罐，30 min 之内冷却到 0~4℃保存。

7.2　储存

冷却后的羊奶在运至加工厂前，应存储在制冷罐中，温度保持恒定在 4℃，存储时间不超过 48 h。

7.3　运输

出场前羊奶温度应在 4℃以下，用专用的奶罐车将羊奶及时运到加工厂。

8　清洗、消毒

8.1　挤奶设备

8.1.1　每次挤奶前，应用清水对挤奶设备进行冲洗 10 min。

8.1.2　挤奶完毕后，应立即用清洁的 35~40℃温水进行冲洗，冲洗到水变清为止。

8.1.3　碱洗：用 2％碱液（pH 11.5）循环清洗 7~10 min，开始温度应在 70~80℃，循环后水温不能低于 40℃。

8.1.4　酸洗：用 1.5％~1.8％酸液（pH 3.5）循环清洗 7~10 min，温度应在 60℃左右。

8.1.5　酸洗碱洗交替使用，两次碱洗，一次酸洗。

8.1.6　最后温水冲洗 5 min，清洗完毕，管道内不准留有残水。

8.2　奶车、奶罐

8.2.1　奶车、奶罐每次用完后内外彻底清洗、消毒一遍。

8.2.2 温水清洗，水温要求 35~40℃。

8.2.3 用 50℃碱液循环清洗消毒。清洗前必须关闭制冷电源。

8.2.4 清水冲洗干净。

8.3 奶泵、奶管、节门外部

定期通刷，清洗，每周 2 次，每用一次用清水冲刷一次。

8.4 挤奶台和挤奶大厅

每次挤奶结束后用高压水枪冲洗挤奶台和挤奶大厅，并用消毒液喷洒消毒。

青年奶山羊饲喂技术规程
Code of practive for Virgin dairy goat feeding

标　准　号：DB15/T 2731—2022
发布日期：2022-07-29　　　　　　　　　实施日期：2022-08-29
发布单位：内蒙古自治区市场监督管理局

前　　言

本文件按照 GB/T 1.1—2020《标准化工作导则　第 1 部分：标准化文件的结构和起草规则》的规定起草。

本文件由内蒙古自治区畜牧业标准化技术委员会（SAM/TC 19）归口。

本文件起草单位：内蒙古自治区农牧业科学院、呼和浩特市农牧局、内蒙古盛健农牧业工程技术研究有限公司。

本文件主要起草人：李康、郭天龙、田婧、罗晓平、赵启南、智宇、李蕴华、孟子琪、郝宸昉、蒙美丽、张英、王斐、梁全顺。

青年奶山羊饲喂技术规程

1 范围

本文件规定了青年奶山羊养殖环境、饲喂和饮水的基本要求。

本文件适用于青年奶山羊。

2 规范性引用文件

下列文件中的内容通过文中的规范性引用而构成本文件必不可少的条款。其中，注日期的引用文件，仅该日期对应的版本适用于本文件；不注日期的引用文件，其最新版本（包括所有的修改单）适用于本文件。

GB 13078　饲料卫生标准

NY/T 388　畜禽场环境质量标准

NY/T 2169　种羊场建设标准

NY/T 2835　奶山羊饲养管理技术规范

NY 5027　无公害食品　畜禽饮用水水质

3 术语和定义

下列术语和定义适用于本文件。

3.1 舍饲生产系统 housing production system

在具有专用养殖设施的场所，完全采用人工进行饲喂和管理的养殖方式。

4 养殖环境

4.1　养殖设施建设应符合 NY/T 2169 的规定。

4.2　养殖环境应符合 NY/T 388 的规定。

5 饲喂

5.1 饲料原料

饲料原料质量应符合 GB 13078 的规定。

5.2 日粮配制

5.2.1　日粮配制原则应符合 NY/T 2835 的规定。

5.2.2　6 月龄以下和 6 月龄以上青年奶山羊，应根据其生理阶段配制符合其营养需要的日粮。

5.2.3　日粮中粗饲料比例应不低于 60%，6 月龄以下青年奶山羊日粮参考配方参见附录 A，6 月龄以上青年奶山羊日粮参考配方参见附录 B。

5.3 饲喂方式

5.3.1　青年公羊与青年母羊应分群饲喂，保证羊只有充足采食和活动空间。

5.3.2　采用精粗分饲或全混合日粮饲喂。

5.4 饲喂量

观察羊只采食和剩料量，剩料量应占日粮的 3%~5%，防止剩料过多或缺料。

5.5 饲喂次数

每天投料 2 次，两次投料间隔内要推料 2~3 次。

6 饮水

6.1 羊只自由饮水，饮水水质应符合 NY 5027 的要求。

6.2 水温应控制在 20℃左右。

附录 A

(资料性)

6 月龄以下青年奶山羊日粮配方

日粮配方见表 A.1，营养水平见表 A.2。

表 A.1　日粮配方

原料	比例/%
玉米青贮	20.60
苜蓿干草	39.90
玉米	20.90
麸皮	10.70
豆粕	5.90
石粉	0.30
磷酸氢钙	0.30
食盐	1.30
预混料	0.10
合计	100.00

预混料为每千克日粮提供：维生素 A 1 750 IU，维生素 E 43 mg，维生素 D_3 3 500 IU，VB_5 25.74 mg，锰（硫酸锰）31 mg，锌（硫酸锌）92.5 mg，铜（硫酸铜）30 mg，钴（硫酸钴）0.72 mg，碘（碘化钾）1.25 mg，硒（亚硒酸钠）1.00 mg。

表 A.2　营养水平

营养成分	含量
干物质/%	77.09
消化能/（MJ/kg）	7.53
粗蛋白/%	11.99
粗脂肪/%	2.25
中性洗涤纤维/%	26.07
酸性洗涤纤维/%	16.21
粗灰分/%	5.26
钙/%	0.99
总磷/%	0.36

附录 B

（资料性）

6 月龄以上青年奶山羊日粮配方

日粮组成见表 B.1，营养水平见表 B.2。

表 B.1 日粮组成

原料	比例/%
玉米青贮	24.00
苜蓿干草	16.00
玉米	35.50
麸皮	6.00
豆粕	12.50
菜籽粕	4.20
磷酸氢钙	0.60
食盐	0.60
预混料	0.40
合计	100.00

预混料为每千克日粮提供：维生素 A 1 750 IU，维生素 E 43 mg，维生素 D_3 3 500 IU，VB_5 25.74 mg，锰（硫酸锰）31 mg，锌（硫酸锌）92.5 mg，铜（硫酸铜）30 mg，钴（硫酸钴）0.72 mg，碘（碘化钾）1.25 mg，硒（亚硒酸钠）1.00 mg。

表 B.2 营养水平

营养成分	含量
干物质/%	73.58
消化能/（MJ/kg）	8.95
粗蛋白/%	13.25
粗脂肪/%	2.30
中性洗涤纤维/%	25.71
酸性洗涤纤维/%	16.09
粗灰分/%	5.20
钙/%	0.94
总磷/%	0.43

奶山羊羔羊饲喂技术规程
Code of practice on feeding lambs of dairy goat

标 准 号：DB15/T 2721—2022
发布日期：2022-07-29　　　　　　　　实施日期：2022-08-29
发布单位：内蒙古自治区市场监督管理局

前　　言

本文件按照 GB/T 1.1—2020《标准化工作导则　第 1 部分：标准化文件的结构和起草规则》的规定起草。

本文件由内蒙古自治区畜牧业标准技术委员会（SAM/TC 19）归口。

本文件起草单位：内蒙古自治区农牧业科学院。

本文件主要起草人：赵启南、孟子琪、杨磊、崔志伟、白帆、王韵斐、陈秋菊、王超、皇甫九茹、张良斌。

奶山羊羔羊饲喂技术规程

1 范围

本文件规定了奶山羊羔羊羊舍与环境、羔羊饲喂、羔羊断奶等操作技术。

本文件适用于规模化饲养的奶山羊羔羊。

2 规范性引用文件

下列文件中的内容通过文中的规范性引用而构成本文件必不可少的条款。其中，注日期的引用文件，仅该日期对应的版本适用于本文件；不注日期的引用文件，其最新版本（包括所有的修改单）适用于本文件。

NY/T 682　畜禽场场区设计技术规范

NY/T 2169　种羊场建设标准

NY/T 2999　羔羊代乳料

3 术语和定义

本文件没有需要界定的术语和定义。

4 羊舍与环境

羔羊舍规划设计应符合 NY/T 682 畜禽场场区设计技术规范与 NY/T 2169 种羊场建设标准的相关规定。

5 羔羊饲喂

5.1 初乳饲喂

5.1.1 初乳饲喂方式

初乳采用人工饲喂方式。

5.1.2 初乳质量

初乳中免疫球蛋白 G 含量应不低于 60 mg/mL。

5.1.3 初乳保存与解冻

收集母羊产后 6 h 内的高品质初乳，-20℃冷冻保存，饲喂前水浴加热解冻，解冻温度应低于 58℃，加热时间应低于 30 min。

5.1.4 初乳饲喂时间与温度

羔羊出生 2 h 内饲喂初乳；饲喂温度应在 37~42℃。

5.1.5 初乳饲喂量与饲喂次数

每日饲喂量为羔羊体重的 8%；1 日龄至 7 日龄每日饲喂 5 次。

5.2 常乳饲喂

5.2.1 常乳饲喂方式

常乳采用人工饲喂方式。

5.2.2 常乳饲喂温度

常乳饲喂温度应在 37~42℃。

5.2.3 常乳饲喂次数

7 日龄至 15 日龄羔羊每日饲喂常乳不少于 4 次，15 日至 40 日龄羔羊每日饲喂常乳不少于 3 次。

5.3 代乳品饲喂

5.3.1 代乳品饲喂方式

代乳品采用人工饲喂方式。

5.3.2 代乳品质量

代乳品按照 NY/T 2999 羔羊代乳料标准执行。

5.3.3 代乳品冲泡与饲喂温度

将代乳品与 50～60℃ 的温水按 1：（7～8）的比例充分混匀，放置于 37～42℃ 后饲喂。

5.3.4 代乳品饲喂量与饲喂次数

7 日龄至 15 日龄羔羊每日饲喂代乳品不少于 4 次，15 日龄至 40 日龄羔羊每日饲喂代乳品不少于 3 次。

6 羔羊分群

根据羔羊体重、日龄、饲养阶段等因素，将体况相近的羔羊合群。

7 羔羊开食

15 日龄后在圈内安装补饲栏，让羔羊自由采食优质青干草，饮用清洁水。

8 断奶

羔羊达 60 日龄以上，体重达到 10 kg 以上，同时开食料采食量达 200 g 以上时可断奶。

9 代乳品成分

推荐代乳品成分见附录 A。

10 初乳—常乳—代乳品过渡程序

推荐初乳—常乳—代乳品过渡程序见附录 B。

11 开食料成分

推荐开食料成分见附录 C。

附录 A

（资料性）

推荐代乳品成分

推荐代乳品成分见表 A.1。

表 A.1　推荐代乳品成分

成分	推荐含量
粗蛋白质/%	18.0
粗脂肪/%	16.0
钙/%	0.5~1.5
总磷/%	0.5~1.2
氯化钠/%	0.3~0.6
粗纤维/%	3.0
粗灰分/%	8.0
水分/%	6.0
维生素 A/（IU/kg）	2.0×10^3
维生素 D/（IU/kg）	1.0×10^3
维生素 E/（IU/kg）	20.0
铜/（mg/kg）	10.0
铁/（mg/kg）	10.0
锌/（mg/kg）	20.0
锰/（mg/kg）	10.0
赖氨酸/%	1.2

附录 B

(资料性)

推荐初乳—常乳—代乳品过渡程序

推荐初乳—常乳—代乳品过渡程序见表 B.1。

表 B.1　推荐初乳—常乳—代乳品过渡程序

日龄	饲喂频率/ (次/d)	饲料种类				日饲喂量
1~7 d	5	初乳	常乳			液态饲料：体重的 8%
7~15 d	4		常乳	代乳粉	开食料　优质青干草	液态饲料：体重的 5%~8% 开食料、青干草：自由采食
15~40 d	3		常乳	代乳粉	开食料　优质青干草	液态饲料：体重的 5% 开食料、青干草：自由采食
40 d~断奶	自由采食				开食料　优质青干草	开食料采食量达 200 g 以上

注：第 4 d 开始，初乳与常乳混合饲喂。
　　初乳至常乳过渡，按照常乳 1∶2、1∶1、2∶1 逐步代替。
　　常乳至代乳品过渡，按照代乳品 1∶2、1∶1、2∶1 逐步代替。
　　液态饲料（初乳、常乳及代乳粉）饲喂温度为 37~42℃。
　　代乳粉的冲调比例为 1∶7~1∶8。

附录 C

（资料性）

推荐开食料成分

推荐开食料成分见表 C.1。

表 C.1 推荐开食料成分

成分	推荐含量/%
粗蛋白	18~22
粗纤维	4~5.5
粗脂肪	3.5~4.5
钙	0.5~0.6
磷	0.35~0.45
消化能	10.5~11.5
注：微量元素、维生素等，可购买市售羔羊阶段复合预混料	

奶山羊泌乳期饲喂技术规程
Code of practice for dairy goat
during lactation period

标 准 号：DB15/T 2732—2022
发布日期：2022-07-29　　　　　　　实施日期：2022-08-29
发布单位：内蒙古自治区市场监督管理

前　　言

本文件按照 GB/T 1.1—2020《标准化工作导则　第 1 部分：标准化文件的结构和起草规则》的规定起草。

本文件由内蒙古自治区畜牧业标准化技术委员会（SAM/TC 19）归口。

本文件起草单位：内蒙古自治区农牧业科学院、呼和浩特市农牧局、内蒙古盛健农牧业工程技术研究有限公司。

本文件主要起草人：李康、郭天龙、田婧、智宇、孟子琪、罗晓平、李蕴华、赵启南、郝宸昉、蒙美丽、张英、王斐、梁全顺。

奶山羊泌乳期饲喂技术规程

1 范围

本文件规定了奶山羊泌乳期的养殖环境、饲喂和饮水的基本要求。

本文件适用于奶山羊泌乳期。

2 规范性引用文件

下列文件中的内容通过文中的规范性引用而构成本文件必不可少的条款。其中，注日期的引用文件，仅该日期对应的版本适用于本文件；不注日期的引用文件，其最新版本（包括所有的修改单）适用于本文件。

GB 13078　　　饲料卫生标准

NY/T 388　　　畜禽场环境质量标准

NY/T 2169　　　种羊场建设标准

NY/T 2835　　　奶山羊饲养管理技术规范

NY 5027　　　无公害食品　畜禽饮水水质

3 术语和定义

本文件没有需要界定的术语和定义。

4 养殖环境与设施

4.1 养殖设施建设应符合 NY/T 2169 和 NY/T 2835 的要求。

4.2 养殖环境应符合 NY/T 388 的规定。

4.3 产房应设在母羊舍附近，舍内设置供暖设备，温度不低于 25 ℃。

5 饲喂

5.1 饲料原料

饲料原料质量应符合 GB 13078 的规定。

5.2 日粮配置

5.2.1 日粮精粗饲料组成应符合 NY/T 2835 的规定。

5.2.2 根据奶山羊不同泌乳期提供符合其营养需要的日粮。

5.2.3 日粮中粗饲料比例应不低于 60%，不同泌乳期营养需要量及推荐的配方参见附录 A—附录 E。

5.3 饲喂方式

5.3.1 将生理阶段相同的奶山羊分为一群，分别依据不同阶段的营养需求提供对应日粮。

5.3.2 生理阶段分为泌乳初期、泌乳盛期、泌乳中期、泌乳末期、干奶期和围产期。

5.3.3 采用全混合日粮饲喂方式。

5.4 饲喂量

5.4.1 饲喂量符合 NY/T 2835 的规定，剩料量应占日粮的 3%~5%。

5.4.2 每天投料 2 次，两次投料间隔内要推料 2~3 次。

6 饮水

6.1 奶山羊泌乳期应自由饮水，饮水水质符合 NY 5027。

6.2 应至少每 20 只羊配备一个饮水位。

附录 A

（资料性）

推荐的奶山羊围产期日粮配方

日粮配方见表 A.1，营养水平见表 A.2。

表 A.1　日粮配方

原料名称	比例/%
燕麦草	14.70
玉米青贮	23.55
花生秧	5.90
羊草	20.50
玉米	15.85
棉粕	1.75
豆粕	2.15
菜粕	0.90
膨化尿素	0.35
甘蔗糖蜜	0.90
DDGS	2.50
喷浆玉米皮	2.80
玉米胚芽粕	2.65
麸皮	2.85
盐	0.35
石粉	0.70
小苏打	0.25
磷酸氢钙	0.20
硫酸钙	0.15
预混料	1.00
合计	100.00
注：预混料为每千克日粮提供：维生素 A 3 000 IU，维生素 D 1 250 IU，维生素 E 40 IU，铜 6.25 mg，铁 62.5 mg，锌 62.5 mg，锰 50 mg，碘 0.25 mg，硒 0.125 mg，钴 0.125 mg	

表 A.2 营养水平

营养物质	含量
干物质/%	74.95
消化能/（MJ/kg）	9.78
粗蛋白/%	11.56
中性洗涤纤维/%	40.59
酸性洗涤纤维/%	33.97
粗脂肪/%	2.20
粗灰分/%	7.34
钙/%	0.81
磷/%	0.41
注：消化能为计算值，其余为实测值	

附录 B

（资料性）

推荐的奶山羊泌乳初期日粮配方

日粮配方见表 B.1，营养水平见表 B.2。

表 B.1　日粮配方

原料名称	比例/%
羊草	40.00
苜蓿干草	20.00
玉米	22.99
豆粕	15.00
石粉	0.65
磷酸氢钙	0.46
食盐	0.50
预混料	0.40
合计	100.00
注：预混料为每千克日粮提供：维生素 A 3 000 IU，维生素 D 1 250 IU，维生素 E 40 IU，铜 6.25 mg，铁 62.5 mg，锌 62.5 mg，锰 50 mg，碘 0.25 mg，硒 0.125 mg，钴 0.125 mg ||

表 B.2　营养水平

项目	
干物质/%	88.90
消化能/MJ/kg	12.07
粗蛋白/%	13.92
中性洗涤纤维/%	40.23
酸性洗涤纤维/%	27.13
粗脂肪/%	2.35
粗灰分/%	6.35
钙/%	1.01
磷/%	0.41
注：消化能为计算值，其余为实测值	

附录 C

（资料性）

推荐的奶山羊泌乳盛期日粮配方

日粮配方见表 C.1，营养水平见表 C.2。

表 C.1　日粮配方

原料名称	比例/%
青贮玉米	64.50
苜蓿干草	11.50
玉米	12.50
麸皮	4.80
豆粕	3.00
菜粕	2.50
石粉	0.25
磷酸氢钙	0.35
食盐	0.10
预混料	0.50
合计	100.00
注：预混料为每千克日粮提供：维生素 A 3 000 IU，维生素 D 1 250 IU，维生素 E 40 IU，铜 6.25 mg，铁 62.5 mg，锌 62.5 mg，锰 50 mg，碘 0.25 mg，硒 0.125 mg，钴 0.125 mg	

表 C.2　营养水平

项目	
干物质/%	46.98
消化能/（MJ/kg）	9.71
粗蛋白/%	7.15
粗脂肪/%	1.84
中性洗涤纤维/%	18.38
酸性洗涤纤维/%	10.36
粗灰分/%	2.78
钙/%	0.49
磷/%	0.27
注：消化能为计算值，其余为实测值	

附录 D
（资料性）
推荐的奶山羊泌乳中期日粮配方

日粮配方见表 D.1，营养水平见表 D.2。

表 D.1 日粮配方

原料名称	比例/%
玉米青贮	56.25
苜蓿干草	25.00
玉米	12.50
豆粕	2.50
菜粕	1.60
麸皮	1.20
盐	0.20
石粉	0.30
磷酸氢钙	0.20
预混料	0.25
合计	100.00
注：预混料为每千克日粮提供：维生素 A 3 000 IU，维生素 D 1 250 IU，维生素 E 40 IU，铜 6.25 mg，铁 62.5 mg，锌 62.5 mg，锰 50 mg，碘 0.25 mg，硒 0.125 mg，钴 0.125 mg ||

表 D.2 营养水平

项目	
干物质/%	52.73
消化能/（MJ/kg）	5.94
粗蛋白/%	7.75
粗脂肪/%	1.88
中性洗涤纤维/%	21.78
酸性洗涤纤维/%	13.56
粗灰分/%	3.73
钙/%	0.70
磷/%	0.22
注：消化能为计算值，其余为实测值	

附录 E

(资料性)

推荐的奶山羊泌乳末期日粮配方

日粮配方见表 E.1,营养水平见表 E.2。

表 E.1　日粮配方

原料名称	比例/%
玉米青贮	35.20
苜蓿干草	14.80
玉米	27.50
豆粕	12.50
麸皮	6.00
菜籽饼	1.50
石粉	0.50
磷酸氢钙	0.50
食盐	0.50
预混料	1.00
合计	100.00

注：预混料为每千克日粮提供：维生素 A 3 000 IU，维生素 D 1 250 IU，维生素 E 40 IU，铜 6.25 mg，铁 62.5 mg，锌 62.5 mg，锰 50 mg，碘 0.25 mg，硒 0.125 mg，钴 0.125 mg

表 E.2　营养水平

项目	
干物质/%	65.68
消化能/（MJ/kg）	8.78
粗蛋白/%	12.00
粗脂肪/%	1.84
中性洗涤纤维/%	16.33
酸性洗涤纤维/%	10.14
粗灰分/%	3.49
钙/%	0.68
磷/%	0.39

注：消化能为计算值，其余为实测值

附录 F

（资料性）

推荐的干奶期日粮配方

日粮配方见表 F.1，营养水平见表 F.2。

表 F.1 日粮配方

原料名称	比例/%
玉米青贮	75.00
羊草	10.00
玉米	5.88
豆粕	1.87
DDGS	1.50
米糠粕	2.25
喷浆玉米皮	1.50
胚芽粕	1.50
石粉	0.25
预混料	0.25
合计	100.00

注：预混料为每千克日粮提供：维生素 A 3 000 IU，维生素 D 1 250 IU，维生素 E 40 IU，铜 6.25 mg，铁 62.5 mg，锌 62.5 mg，锰 50 mg，碘 0.25 mg，硒 0.125 mg，钴 0.125 mg

表 F.2 营养水平

项目	
干物质/%	39.59
消化能/（MJ/kg）	4.80
粗蛋白/%	6.20
粗脂肪/%	1.70
中性洗涤纤维/%	19.41
酸性洗涤纤维/%	7.08
粗灰分/%	2.43
钙/%	0.28
磷/%	0.21

注：消化能为计算值，其余为实测值

关中奶山羊饲养管理技术规范

标 准 号：DB61/T 585—2013
发布日期：2013-07-23　　　　　　　　实施日期：2013-08-01
发布单位：陕西省质量技术监督局

前　　言

本标准按照 GB/T 1.1—2009 给出的规则起草。

本标准由陕西省富平县质量技术监督局提出。

本标准由陕西省农业标准化技术委员会归口。

本标准起草单位：富平县质量技术监督局、富平县畜牧兽医局。

本标准主要起草人：赵胜利、路加社、马顺志、马小莉、胡争锋。

本标准首次发布。

关中奶山羊饲养管理技术规范

1 范围

本标准规定了关中奶山羊养殖场（户）的引种、投入品、饲养管理、挤奶、繁殖、疫病预防和生产记录等技术要求。

本标准适用于关中奶山羊主产区关中奶山羊的饲养管理。

2 规范性引用文件

下列文件对于本文件的应用是必不可少的。凡是注日期的引用文件，仅所注日期的版本适用于本文件。凡是不注日期的引用文件，其最新版本（包括所有的修改单）适用于本文件。

GB 16548　病害动物和病害动物产品生物安全处理规程

NY 5027　无公害食品畜禽饮用水水质

3 引种

3.1　应从具有种畜禽生产经营许可证的种羊场购羊。

3.2　不得从羊病疫区引进羊只。

3.3　羊只须经产地动物检疫部门检疫合格。

3.4　运输工具运输前须进行清洗和彻底消毒。

3.5　购入羊只须隔离 3d，确认健康后，方可转入生产群。

4 投入品

4.1 饲料

4.1.1　具有该饲料应有的色泽、嗅、味及组织形态特征，质地均匀。

4.1.2　无发霉、变质、结块、虫蛀及异味、异嗅、异物。

4.1.3　所有饲料和饲料添加剂的卫生指标符合要求。

4.1.4　饲料添加剂产品应是《饲料添加剂品种目录》所规定的品种，或取得农业部颁发的有效期内饲料添加剂进口登记证的产品，或农业部批准的新饲料添加剂品种。

4.1.5　精饲料成品粉碎粒度小于 2.8 mm，颗粒饲料不是此限制。不得有整粒谷物，粉碎粒度小于 1.4 mm 的不超过 20%。

4.1.6　粗饲料应以青绿饲料、青贮饲料和豆科禾本科干草为主，并调配一定比例块根块茎类饲料，铡短或揉碎后饲喂。

4.1.7　合理搭配饲料，尽可能多样化，精饲料占 20.0%~50.0%，粗饲料占 80.0%~50.0%。

4.2 兽药

4.2.1　应凭专业兽医开具的处方使用经农业部规定的兽医处方药。禁止使用农业部规定的禁用药品。

4.2.2　预防、治疗和诊断畜禽疾病所用的兽药应是来自具有《兽药生产许可证》，并获得农业部颁发《中华人民共和国兽药 GMP 证书》的兽药生产企业，或农业部批准注册进口的兽药。

4.2.3 使用拟肾上腺素药、平喘药、抗胆碱药、糖肾上腺皮质激素类药和解热镇痛药，应严格按农业部规定的作用用途和用法用量使用。

4.2.4 使用饲料药物添加剂应符合农业部《饲料药物添加剂使用规范》的规定。禁止将原料药直接添加到饲料及动物饮用水中或直接饲喂动物。

4.2.5 应慎用经农业部批准的拟肾上腺素药、平喘药、抗胆碱药和拟胆碱药、糖肾上腺皮质激素类药和解热镇痛药。

4.2.6 非临床医疗需要，禁止使用麻醉药、镇痛药、镇静药、中枢兴奋药、雄性激素、雌性激素、化学保定药及骨骼肌松弛药。必须使用该类药物时，应凭专业兽医开具的处方用药。

4.2.7 严格遵守休药期规定。

4.3 水

水源充足，水质符合 NY 5027 要求，取用方便。经常清洗和消毒饮水设备，并经常保持清洁卫生。

5 饲养管理

5.1 日常饲养

5.1.1 羊只应分类分群饲养。精粗饲料按比例混合饲喂，多种饲料合理搭配。更换饲料 7~10 d 逐步过渡。定时定量饲喂与自由采食相结合。

5.1.2 日喂 2~3 次，饲喂先粗后精，先喂后饮。

5.1.3 青贮饲料喂量不能超过日粮干物质的 50%。

5.1.4 各类羊只自由饮水。冬春季节应饮用温水。

5.1.5 专设矿物质舔砖饲槽，放置舔砖，供羊自由舔食。

5.2 日常管理

5.2.1 每天坚持打扫羊舍卫生，保持料槽、水槽、用具、器械干净，地面清洁。

5.2.2 经常观察羊群的健康状态，发现异常及时处理。

5.2.3 每天刷拭羊体。

5.3 分群

按性别、年龄或生理阶段、产奶量高低分群管理。及时淘汰老、弱、病和残羊。

5.4 断奶

断奶应在白天进行，母、仔白天分开，晚上合群，持续 4~7 d 完成。羔羊断奶后转入育成羊群。

5.5 去势

5.5.1 凡不做种用的公羔应去势。

5.5.2 结扎去势法。适用于 7~10 日龄的小公羔，将睾丸挤到阴囊里，并拉长阴囊，用橡皮筋或细绳紧紧结扎在阴囊上部，经 10~15 d，阴囊及睾丸萎缩自然脱落。

5.5.3 阉割去势法。适用于 2 周龄以上的公羔或大公羊。一人抱定羊只，另一人握住阴囊上部，使睾丸挤向阴囊底部，剪掉阴囊及阴囊周围的毛，然后用碘酒局部消毒，用消毒过的手术刀横切阴囊，挤出一侧睾丸，将睾丸连同精索用力拉出，结扎血管后连同精索一块剪断；再用同样方法取出另一侧睾丸。阴囊切口处用碘酒消毒，阴囊内和切口处撒上消炎药。去势羔羊生活区内应保持清洁干燥，以防感染。

5.6 修蹄

5.6.1 每年春秋两季各集中修蹄一次，平日可根据具体情况随时修整。修蹄宜在雨后或让羊在潮湿地面活动 4 h 左右，当蹄角质变软时进行。

5.6.2 经常检查蹄部，发现问题及时治疗。

5.6.3 对蹄尖过长，狭蹄、蹄尖交叉等不良蹄形要及时修整，对严重不正蹄形可分作几次矫正。

5.7 去角

5.7.1 对有角的羔羊应在生后 2 周内进行去角。

5.7.2 有角羔羊角蕾部分的毛流呈旋涡状，手摸感有尖而硬的凸起。

5.7.3 去角时选择晴天，使用烙铁或棒状苛性钠涂抹角蕾，蚀去表皮及角的生长部。

5.8 羔羊的饲养管理

5.8.1 生后 1 h 内吃初乳、称重、编临时号。

5.8.2 尽量让羔羊多吃初乳，每昼夜不得少于 4 次。

5.8.3 勤换褥草，注意保温，天冷时要多加褥草。

5.8.4 每天检查脐带一次，如有肿胀、化脓，须及时治疗。

5.8.5 缺奶羔羊和多胎羔羊采用人工哺乳或寄养。人工哺乳应做到清洁卫生、定时、定量、定质、定温（38～42℃，1～2 月 40～42℃）。30 日龄前乳量渐增，30 日龄后渐少。阴雨天不能运动时，须减少奶量。

5.8.6 教奶须耐心细致，用碗喂乳时要防止将奶吸入肺里。两天内仍不会吃奶者，可用奶嘴饲喂。

5.8.7 10 日龄开始训练吃草，20 日龄可以开始喂给少量精料，个别羊不吃时要耐心调教。40 日龄羊一定要教会其吃草吃料。

5.8.8 5～10 日龄期间去角。

5.8.9 哺乳开始和哺乳中对羔羊舍全面消毒一次。

5.8.10 每日运动不少于 1.5 h。

5.8.11 每月称重一次。

5.9 青年羊的饲养管理

5.9.1 日粮应以优质的青粗饲料为主，适当补充精料。5～6 月龄后可根据青粗饲料质量及膘情，少喂或不喂精料。

5.9.2 育成种公羊不应采食过多青粗饲料，防止形成草腹。

5.9.3 加强运动，舍饲条件下每日驱赶运动 1.5 h 左右。

5.9.4 定期测量体尺体重，体况应维持在中等以上水平。

5.9.5 青年母羊体重达到 35 kg 以上后应及时配种。

5.10 妊娠母羊的饲养管理

5.10.1 妊娠前 3 个月饲喂优质牧草或青干草，根据母羊体况一般可少补或不补精料。

5.10.2 妊娠后 2 个月，加强补饲，保证其营养物质的需要。

5.10.3 临产前 1 周，适当减少精料和多汁饲料，并做好产前准备。

5.11 泌乳母羊的饲养管理

5.11.1 泌乳初期（前 20 d）

母羊产后应充分休息，补充水分。产后 1 周内饲喂易消化的优质青绿（干）草，自由采食。1 周后根据体况肥瘦、乳房膨胀程度、食欲表现等情况，饲喂适量精料或多汁饲料。

5.11.2 泌乳盛期（20~120 d）

饲喂优质饲草和精料，适当增加青贮饲料，约占粗饲料的 2/3，干草占 1/3。精料可占日粮干物质的 50% 或按奶料 3∶1 饲喂精料。重视乳房的护理和按摩，保持乳房卫生。

5.11.3 泌乳中期（120~210 d）

加强运动，逐渐减少日粮中的能量和高蛋白饲料，自由采食青粗饲料。

5.11.4 泌乳后期（210~300 d）

日粮以粗饲料为主，适当补喂精料，减少多汁饲料的喂量。

5.11.5 泌乳母羊应经常检查乳房，如果发现乳孔闭塞、乳房炎、乳汁异常等情况，及时予以处理。

5.12 干乳母羊的饲养管理

以优质青干草为主，补充适量精饲料，适当增加运动。

5.13 种公羊的饲养管理

5.13.1 日粮根据配种期和非配种期的不同饲养标准进行配合，配种前 1 个月，开始增加精料，提高蛋白质饲料供给量，逐步过渡到配种期日粮。要求种公羊营养适中，具有旺盛的性欲和品质优良的精液。

5.13.2 种公羊单圈饲养，每天运动不少于 2 h，与母羊舍保持一定的距离。

5.13.3 成年种公羊每日配种 3~5 次或采精 2 次，连续 2~3 d 休息 1 d；初配公羊每日配种或采精 1 次，连续 2~3 d 休息 1 d。

6 挤奶

6.1 挤奶人员

6.1.1 应定期进行身体检查，获得县级以上医疗机构出具的健康证明。

6.1.2 应保证个人卫生，勤洗手、勤剪指甲、不涂抹化妆品、不佩戴饰物。

6.1.3 手部刀伤和其他开放性外伤未愈前不能挤奶。

6.1.4 挤奶操作时，应穿工作服和工作鞋，戴工作帽。

6.2 挤奶操作

6.2.1 挤奶用具要经常清洗消毒，并保持挤奶环境安静和场地清洁卫生。

6.2.2 定时挤奶，每天挤奶 2~3 次。

6.2.3 挤奶前先观察或触摸乳房外表是否有红、肿、热、痛症状或创伤；用 40~42℃ 温水清洗并按摩乳房。

6.2.4 对乳头进行预药浴，选用专用的乳头药浴液，药液作用时间应保持在 20~30 s。如果乳房污染特别严重，可先用含消毒水的温水清洗干净，再药浴乳头。

6.2.5 挤奶前用毛巾或纸巾将乳头擦干，保证一只羊一条毛巾。

6.2.6 挤奶时，先将乳头中最初的几滴奶弃掉，然后再挤。

6.2.7 把头把奶挤到专用容器中，检查羊奶是否有凝块、絮状物或水样，正常的羊可上机挤奶；异常时应及时报告兽医进行治疗，单独挤奶。严禁将异常奶混入正常羊奶中。

6.2.8 挤奶过程中，注意按摩乳房，先前后按摩，再左右按摩，动作要轻柔。按摩2~3次。

6.2.9 应用抗生素治疗的羊只，应单独使用一套挤奶杯组，每挤完一只羊后应进行消毒，挤出的奶放置容器中单独处理。

6.2.10 挤奶结束后应立即将奶收入奶罐，并及时冷却。

6.2.11 挤奶桶等用具要及时清洗和消毒。

7 繁殖

7.1 初配年龄

母羊6~9月龄，体重达35 kg，公羊8月龄，体重达40 kg开始配种。

7.2 选配

7.2.1 采取品质和亲缘两种方式组织选配。

7.2.2 要求为母羊选配的公羊在综合品质和等级方面应优于母羊。受配母羊存在某些性状缺陷时，应选择相应性状优点突出的公羊与之配种。

7.2.3 根据公、母羊系谱档案，适时调整和调换配种公羊，防止近亲交配。

7.3 发情鉴定

7.3.1 行为特征。兴奋不安，不是高声咩叫。食欲减退，泌乳量下降。四处游走，放牧时出现立群。主动接近公羊，在公羊追逐或爬跨时常站立不动。

7.3.2 生殖器官变化。外阴松弛、充血、肿胀；阴道松弛、充血、分泌黏液。

7.3.3 配种时机。当分泌黏液变稠，出现频繁摆尾动作，用手按压臀部，摆尾更加显著时，即可配种。间隔12 h再配种1次。

7.4 配种方法

采用人工辅助交配或人工授精。

7.5 妊娠检查

7.5.1 母羊配种后经过1~2个发情周期（发情周期21d左右）不再发情，初步判定为怀孕。

7.5.2 妊娠特征。性情安静、温顺，行动迟缓；采食增加，被毛光亮；腹部逐渐变大，乳房逐渐胀大。

7.6 分娩与接产

7.6.1 预产期。配种月份加5天，配种日期数减2天。

7.6.2 分娩前准备。产前3~5 d，对产房及各种工具等进行清洁和彻底消毒，添置取暖设施，铺垫柔软清洁褥草，准备消毒药品、毛巾、剪刀等接产工具。

7.6.3 分娩征兆

7.6.3.1 乳房丰满肥大、变硬、皮肤展平、发红，乳头增粗增长并能挤出少量初乳。

7.6.3.2 荐坐韧带松弛，特别是尾根附近的荐坐韧带后缘松弛，骨盆顶端两侧亦塌陷柔软。

7.6.3.3　阴唇肿大，皮肤皱褶展平、松软，

7.6.3.4　精神不安，咩叫，起卧不安，不时回顾腹部，前蹄刨地。

7.6.4　分娩助产

胎儿进入产道时，可用开膣器打开阴道检查胎位、胎势及胎向是否正确，正常情况下，待其自然娩出。当两前肢和头部或两后肢和臀端大部分显露出时，方可撕破胎膜。胎儿的唇部露出时，如覆有胎膜应立即清除，并擦净鼻孔中的黏液。在胎儿通过阴门时注意保护母羊的会阴不被撕裂。如出现分娩过程延缓时，可用干净的纱布垫着握住羔羊的两肢的管骨，趁母羊努责之际，用力向后下方拉出胎儿。

7.7　羔羊护理

7.7.1　羔羊出生后，首先要把其口腔、鼻孔里的黏液掏出擦净。如发生窒息情况，可采取按压腹部，或倒提羔羊轻拍背部。

7.7.2　在距离羔羊腹壁5 cm处，用浸泡过碘酒的线绳结扎脐带，并在结扎处下1.5 cm处用灭菌剪刀将脐带剪断。

7.7.3　羔羊在出生后半小时内应保证吃到初乳。

7.7.4　注意羔羊保暖，更换污染褥草。

7.7.5　对母乳不足的羔羊用牛奶、羊奶或代乳粉补饲。

7.8　母羊护理

7.8.1　擦净产后母羊臀部、外阴及后肢上黏附的胎水及污物。

7.8.2　清除、更换褥草。

7.8.3　给母羊饮用温热淡盐水或麸皮水。

7.8.4　清理、检查胎衣是否有病变及完成情况。

8　疫病预防

8.1　人员管理

8.1.1　从事羊只饲养管理的工作人员应身体健康并定期进行体检和技术培训，禁止患有人畜共患传染病的人员从事羊只饲养管理与兽医防疫工作。

8.1.2　场内职工不应对外从事动物诊疗和配种业务。

8.1.3　饲养人员进入饲养区时，应洗手，更换场区工作服和工作鞋，工作服及鞋应保持清洁，并应定期清洗、消毒。

8.1.4　禁止任何来自可能染疫地区的人及车辆进入场内，禁止任何人员携带畜禽产品进入场内饲养区，在经兽医管理人员许可的情况下，外来人员应在消毒后穿戴专用工作服方可进入。

8.2　日常消毒

8.2.1　定期对料槽、水槽等饲喂用具以及圈舍进行消毒。

8.2.2　羊场区内道路每2~3周消毒一次，场周围及场内污水池、排粪坑、下水道每1~2个月消毒一次。

8.2.3　羊转舍、售出后，应对空舍进行严格清扫、冲洗，并进行全面喷洒消毒，封闭式羊舍也可关闭门窗熏蒸消毒。

8.2.4　消毒药品应安全、高效、无残留、无公害。

8.3　免疫

8.3.1　制定免疫程序。应根据本地区动物疫病流行情况、羊只来源、本场防疫状况、母源抗体水平和隔离条件等，制定切合本场实际的免疫程序，并严格按程序实施免疫预防，佩带免疫耳标。

8.3.2　羊口蹄疫实行强制免疫。1月龄羔羊第一次免疫，间隔1个月进行一次强化免疫；周岁以上羊只，每年春、秋各进行一次免疫接种。

8.3.3　每年秋季对所有羊只进行布鲁氏菌病免疫。

8.3.4　严格按疫苗使用说明书规定的免疫方法和剂量进行免疫。

8.4　疫病监测

8.4.1　根据国家规定和当地及周边地区疫病流行状况，选择口蹄疫、小反刍兽疫、蓝舌病、羊痘、结核病、布鲁氏菌病等疫病进行常规监测。

8.4.2　羊场应根据监测结果，制订场内疫病控制计划，隔离并淘汰病羊。

9　无害化处理

9.1　病死羊按 GB 16548 的要求进行无害化处理。

9.2　废弃物的处理应遵循减量化、无害化和资源化的原则。

9.3　羊粪采用堆积发酵等方法处理。

10　生产记录

建立生产记录档案，包括引种记录、繁殖记录、产奶记录、培训记录、饲料及饲料添加剂采购和使用记录、兽药采购和使用记录、消毒记录、免疫记录、诊疗记录、防疫检测记录、病死羊无害化处理记录、销售记录、外来人员参观登记记录、羊奶质量检测记录、挤奶机械检修记录等。所有记录应保存3年以上。

萨能奶山羊饲养技术规范

标 准 号：DB53/T 243—2008
发布日期：2008-01-16　　　　　　　实施日期：2008-05-01
发布单位：云南省质量技术监督局

前　　言

　　为规范云南省萨能奶山羊养殖，促进我省奶山羊养殖发展，提出适用于云南省萨能奶山羊饲养管理的技术规范，为加速萨能奶山羊的商品生产及推广应用，特制定《萨能奶山羊饲养技术规范》。

　　本标准附录 A、附录 B 为规范性附录。

　　本标准由昆明市畜牧兽医站提出。

　　本标准由云南省质量技术监督局归口。

　　本标准起草单位：昆明市畜牧兽医站、昆明易兴恒畜牧科技有限责任公司。

　　本标准主要起草人：金卫华、陈南凯、赵智勇、邵庆勇、陈顺发、王昆华、杨红远。

萨能奶山羊饲养技术规范

1　范围

本标准规定了云南省萨能奶山羊生产中繁育、饲料、饲养、防疫、废弃物处理等技术规范。本标准适用于萨能奶山羊的规范化养殖。

2　规范性引用文件

下列文件中的条款通过本标准的引用而成为本标准的条款。凡是注日期的引用文件，其随后所有的修改单（不包括勘误的内容）或修订版均不适用于本标准，然而，鼓励根据本标准达成协议的各方研究是否可使用这些文件的最新版本。凡是不注日期的引用文件，其最新版本适用于本标准。

GB 16548　　　畜禽病害肉尸及其产品无害化处理规范
GB 16549　　　畜禽产地检疫规范
GB 16567　　　种畜禽调运检疫技术规范
GB/T 18407.5　农产品安全质量　无公害乳与乳制品产地环境要求
GB 18596　　　畜禽养殖业污染物排放标准
NY/T 388　　　畜禽场环境质量标准
NY 5027　　　　无公害食品　畜禽饮用水水质
NY 5046　　　　无公害食品　奶牛饲养兽药使用准则
NY/T 5048　　　无公害食品　奶牛饲养饲料使用准则
NY 5149　　　　无公害食品　肉羊饲养兽医防疫准则

3　术语和定义

下列术语和定义适用于本标准。

3.1　萨能奶山羊品种特点

3.1.1　本标准所称萨能奶山羊指纯种萨能奶山羊及其杂交改良后代。

3.1.2　外貌特征：后躯发达，呈楔形。被毛白色，偶有毛尖呈淡黄色，后躯发育良好，尻部略斜，少肉，端直。公、母羊均有须，大多无角。

3.1.3　生产性能：成年公羊体重 75～100 kg，最高 120 kg，母羊 50～65 kg，最高 90 kg，母羊泌乳性能良好，泌乳期 8～10 个月，可产奶 600～1 200 kg，乳脂率 3.5%～4.0%。母羊产羔率一般 160%～220%。

3.2　种公羊

用于配种繁殖后代的公羊。

3.3　羔羊

出生至 3 月龄断奶前的幼龄羊。

3.4　青年母羊

断奶至初配阶段的母羊。

3.5 成年母羊

初配及以后阶段的母羊。

3.6 精饲料

容积大、纤维成分含量低（干物质中粗纤维含量小于18%）、可消化养分含量高的饲料。主要有禾本科籽实、豆科籽实、饼粕类、糠麸类、草籽树实类、淀粉质的块根、块茎瓜果类（薯类、甜菜）、工业副产品类（玉米淀粉渣、DDGS、啤酒糟粕等）、酵母类、油脂类、棉籽等饲料原料和由多种饲料原料按一定比例配制的精料补充料。

3.7 粗饲料

容积重小、纤维成份含量高、可消化养分含量低的饲料。主要有牧草与野草、青贮料类、农副产品类（包括藤、蔓、秸、秧、荚、壳）及干物质中粗纤维含量大于等于18%的糟渣类、树叶类和非淀粉质的块根、块茎类。

3.8 羊场废弃物

主要包括羊粪、尿、尸体及相关组织、垫料、过期兽药、残余疫苗，一次性使用的畜牧兽医器械及包装物和污水。

4 饲养原则

4.1 根据营养状况、产奶性能、体重大小、生理阶段和生长速度等，分群管理，合理对待。

4.2 奶山羊饲料应以粗饲料（青干草、青草、青贮）为主，精料补充为辅。

4.3 精料给量可根据粗饲料的质量优劣适当调整，平均产奶量为2.5~3 kg的母羊每日可补饲精料1.0 kg，饲喂的精料要满足对矿物质、微量元素和维生素的需求。

4.4 干草日喂2~3次。

4.5 青草或青贮，每日分2~3次饲喂。

5 饲料

5.1 饲料和饲料原料应符合NY/T 5048的规定。

5.2 饲料应按月配合，饲养人员应按计划数量和配合比例严格操作。

5.3 不应在羊体内埋植或者在饲料中添加镇静剂、激素类等违禁药物。

5.4 商品羊使用含有抗生素的添加剂时，应按《饲料和饲料添加剂管理条例》执行休药期。

6 饮水

6.1 水质应符合NY 5027的规定。

6.2 保持充足清洁的饮水水源。

6.3 水池要定期刷洗，引水中不得有异物、异味。

6.4 冬季饮水水温不宜低于12℃，夏季饮水不宜暴晒。

7 饲养管理

7.1 羔羊的饲养管理

7.1.1 生后5日内羔羊的护理

7.1.1.1 生后1 h内称重，吃初乳，编制临时耳号。

7.1.1.2 尽量使羔羊多吃初乳，羔羊吃初乳每昼夜不宜少于 4 次。

7.1.1.3 勤换褥草，注意保温，切勿受冷受潮，天冷时要多加褥草。

7.1.1.4 每天检查脐带一次，如有肿胀、化脓，须及时治疗。

7.1.2 哺乳羔羊的饲养管理

7.1.2.1 羔羊出生后 15 d 内，随母羊哺乳，15 d 母子分离，实行人工哺乳。

7.1.2.2 2 d 内仍不会吃奶的羔羊，可用奶嘴饲喂，但不放弃教奶。

7.1.2.3 喂草、喂料：10 d 开始训练羔羊吃草，20 d 开始训练吃料。40 d 前要教会吃草吃料。

7.1.2.4 饮水：保持充足清洁饮水。

7.1.3 人工哺乳注意事项

——定时：按出生日期，分阶段安排哺乳时间和次数，并严格遵守。

——定量：按哺乳计划的量执行。

——定温：1—2 月，奶温宜在 40~42℃，3 月份后在 33~40℃。

——定质：使用鲜奶，喂时充分搅拌，使脂肪分布均匀。

——所有用具使用前后必须消毒处理。

7.1.4 管理

7.1.4.1 每周对羔羊舍全面消毒一次。

7.1.4.2 每日厚垫褥草，经常更换和晾晒，天气骤变时加厚褥草。

7.1.4.3 堵塞鼠洞，关闭通风孔，防止贼风，确保适宜室温。

7.1.4.4 遇有拱腰、呛毛、发抖、气喘或呆立者，须及时隔离并报告兽医。

7.1.4.5 每日出外运动一次，时间不少于 1.5 h，出进圈时须检查羊数。

7.1.4.6 5~10 d 龄期间去角。去角按本标准第 12 章规定进行。

7.1.4.7 每月称重一次，并记录。

7.1.4.8 定期检查羊号，发现耳号缺失或不清晰应及时补上。耳标标记按本标准第 12 章规定。

7.2 青年母羊的饲养管理

7.2.1 日粮须以优质的青、粗饲料为主，精料每日 0.3~0.5 kg，优质粗饲料充足时，可以酌减精料。

7.2.2 舍饲条件下每日驱赶运动 1.5 h 左右。

7.2.3 远离公羊，以防早配和偷配。

7.2.4 定期测量体尺、体重，体况应维持在中等以上水平。

7.2.5 青年母羊 8~10 月龄达到 35 kg 体重以上或达到成年体重 70% 以上应及时配种。

7.2.6 定期修蹄，防止蹄病。修蹄按本标准第 12 章规定进行。

7.3 种公羊的饲养管理

7.3.1 按其增重进行饲养。

7.3.2 饲养以优质干草为主，注意蛋白质供给，配种季节为保证蛋白质的需要，每日可补羊奶 0.5~1.0 kg 或鸡蛋 2~3 个。

7.3.3 专人管理，大小分群，远离母羊，环境安静。

7.3.4　配种年龄不小于 16 月龄，体重不低于 50 kg，本交每日配种不宜超过 5 次。

7.3.5　圈舍干燥、清洁，定期防疫、消毒。

7.3.6　定期称重，测量体尺，及时记录。

7.4　成年母羊的饲养管理

7.4.1　发情与配种

7.4.1.1　观察发情，适时配种。

7.4.1.2　为促使发情，配种前 5~10 d 开始试情。

7.4.1.3　成年母羊在正常情况下，泌乳 7 个月后即可配种。

7.4.1.4　配种时间：发情后 6~12 h 配一次，隔 12 h 再配一次，一般每个情期配 1~2 次，对于屡配不孕的羊只应及时淘汰。

7.4.1.5　配种前应作好选配计划，防止近亲交配，杜绝杂劣公羊作为种羊。配种期按配种计划严格执行，配种后及时准确记录。

7.4.2　分娩

7.4.2.1　产前准备

7.4.2.1.1　根据配种日期，按怀孕 150 d 来推算每只羊的预产期。

7.4.2.1.2　产羔开始后，必须有人值班，值班人员必须坚守岗位，作好接产和羊羔哺乳工作，不得擅自离开。

7.4.2.1.3　产羔用的药械必须提前准备。分娩栏内应无贼风，提前消毒，厚垫干褥草，饲槽不断草，保证清洁用水。

7.4.2.2　产后处理

7.4.2.2.1　刚生出的羔羊，应立即处置，以防窒息及脐部感染，称好产重，佩戴临时耳号，转至羔羊舍，尽早喂初乳。

7.4.2.2.2　产后将母羊后躯、外阴和乳房用 0.1% 的高锰酸钾溶液或其他符合标准的消毒液充分洗涤、消毒，然后擦干。

7.4.2.2.3　胎衣排出之后，应立即移开，防止母羊舔食。如发生难产，胎衣长时间不下（产羔 6 h 后），应及时助产。

7.4.3　产后母羊的管理

7.4.3.1　产后 3 d，每日提供优质粗饲料，并用温水调和麸皮饲喂 2 次，3~7 d 内逐渐过渡为精料，从第 5 d 起开始饲喂多汁饲料，7~10 d 后恢复至正常饲喂量。

7.4.3.2　每日更换褥草。

7.4.3.3　定时挤初乳，经常检查乳房，如遇有硬块、发烧应及时治疗。

7.4.3.4　产后 3 d，天晴日暖时可外出活动，6 d 后可参加运动。

7.4.3.5　身体瘦弱的母羊，在产后 15 d 内应重点管理。

7.4.4　泌乳母羊的管理

7.4.4.1　催奶

7.4.4.1.1　产后 20 d，在原有喂料量的基础上，根据奶量增加情况再增加精料作为催乳用的饲料；按体重、奶量、乳脂率适当调整精料饲喂量。

7.4.4.1.2　适当增加青贮饲料，约占粗饲料的 2/3，干草占 1/3。

7.4.5 干奶期的饲养管理

7.4.5.1 正常情况下，产奶 8~9 个月，怀孕 2 个月时干奶，其天数根据母羊体质状况而定，最迟在产前 60 d 干奶。

7.4.5.2 饲料应以优质粗饲料为主，精料给量 0.5~1.0 kg，产前 3 d 至产后 7 d 适当减少精料。

7.4.5.3 干奶过程中要注意检查乳房，防止乳房发炎，发生乳房炎要及时进行治疗，并继续挤奶，直到恢复正常再进行干奶。

7.4.6 定期修蹄，防止蹄病。

8 挤奶技术

8.1 人工挤奶

8.1.1 备好挤奶用的设备和记录本等，将奶桶用开水冲洗干净，用四层纱布覆盖，以便过滤羊奶。

8.1.2 挤奶前，将羊乳房周围的长毛及污秽物清除，然后用 40~42℃ 的热毛巾将羊乳房擦拭干净；首先引导产奶羊上挤奶架，在挤奶架料斗内准备好补饲精料。

8.1.3 挤奶时，先将乳头中最初的几滴奶挤出废弃。挤奶过程中双手挤奶，交替进行。

8.1.4 挤奶过程中按摩乳房，以便促进泌乳。

8.1.5 挤奶完毕，要将每只羊的产奶量进行称重、记录，用纱布过滤后装入奶桶并及时运送至消毒室。

8.1.6 在挤奶过程中要严格防止污染，确保羊奶质量和安全。

8.1.7 挤奶时若发现羊奶异常，须将羊奶单独存放，待查明原因后再做处理。对乳房内有硬块的奶山羊要进行乳房炎检查。

8.1.8 在挤奶后将山羊奶头在奶头浸泡消毒杯中浸泡，可预防奶头导乳管感染。

8.1.9 挤奶完毕，迅速引导产奶羊离开挤奶间。

8.1.10 待全部挤完后，及时清洗挤奶桶、水桶、毛巾等用具，并打扫挤奶间。

8.2 机器挤奶

8.2.1 机器挤奶作为推荐挤奶模式。

8.2.2 必要物品：挤奶机器、容器、一次性纸巾（或消毒毛巾）、奶头浸泡消毒杯。

8.2.3 机器挤奶一定要制定并坚持按规程操作。挤奶区域一定要符合有关卫生规定。

9 防疫

9.1 羊场卫生制度

9.1.1 非羊舍工作人员，严禁进入生产区。参观者必须经严格消毒方可入内。

9.1.2 羊舍应保持卫生、干燥，所有用具、器械、饲槽应在用后及时清理、洗刷干净，定期消毒，严禁外借。

9.1.3 每天清扫羊舍和运动场，保持羊舍和运动场干净卫生。严禁运动场内蓄积污水和堆放粪肥。粪便、褥草等养殖场地污物排放处理应符合 GB 18596 的规定。羊场废弃物应实行无害化、资源化处理。

9.1.4 病死羊尸体必须按照 GB 16548 进行处理。

9.1.5 工作人员应定期进行健康检查，有传染病者不应从事饲养工作。

9.1.6 工作人员上班时要穿工作服，经消毒后方可进入工作区域。

9.1.7 场内兽医人员不得对外进行动物疾病诊疗，配种人员不得对外进行羊的配种工作。

9.1.8 生产区内不得饲养其他畜禽；禁止周围其他动物进入场区；禁止养殖户母羊进入羊场内配种。

9.1.9 定期进行灭蚊、灭蝇、灭鼠。

9.2 消毒制度

9.2.1 场区、圈舍定期消毒。羊舍、运动场春夏秋季每周消毒一次；冬季每月消毒一次。用符合 NY 5030 规定的消毒剂对地面、墙壁、羊床、用具等进行充分消毒。场区每月进行一次全面消毒。

9.2.2 工作人员消毒：工作人员进出场区应进行紫外线消毒或喷洒消毒药进行消毒，接触病羊后应进行手脚浸泡消毒。

9.2.3 粪便、污水消毒：粪便进行生物热消毒，每天清除的羊粪污物集中堆积于粪场，粪堆表面覆盖塑料薄膜或 10 cm 厚的沙土，发酵 30 d 后，作肥料使用。污水用漂白粉或其他氯制剂进行消毒，1 L 污水用 2~5 g 漂白粉，或每立方米用 8~10 g 漂白粉。发生疫病时的粪便污物应进行深埋或销毁。

9.2.4 出入场区的车辆要进行登记。进入场内的车辆必须进行全车消毒。

9.2.5 发生传染病时，对畜舍、运动场、用具、公共场所进行紧急消毒，每天进行 1~2 次消毒。对饲养羊只每天进行一次带体消毒。控制扑灭疫病解除封锁时，全场进行一次全面消毒。

9.2.6 运输羊只车辆在运输前和运输后应进行全车彻底消毒。

9.2.7 运输途中，不应在城镇和集市停留、饮水和饲喂，否则应进行消毒一次。

9.3 防疫制度

9.3.1 引进种羊要严格执行《种畜禽管理条例》，并按照 CB 16567 进行检疫。购入羊只要在隔离场（区）观察不少于 30 d，经兽医检查确定为健康合格后，方可转入生产群。

9.3.2 发现羊群中出现行为异常、被毛粗乱、垂头、拱腰、呆立、气喘、咳嗽、绝食、发烧等症状羊只，要及时隔离并报告兽医。

9.3.3 按防疫程序（附录 A），定期进行预防免疫接种，并做好接种疫苗记录。疫苗应符合 NY 5046 要求。

9.3.4 受传染病威胁时，应做好全场消毒工作，对羊只进行疫病预防免疫接种。

9.3.5 发生传染病时，应及时隔离病畜，密切观察同群畜动态，全场实施消毒，对假定健康畜进行紧急免疫接种，禁止场内人员、动物、车辆、用具、产品、污物等向外移动，全场实行准进不准出制度。

9.3.6 商品羊运输前，应经动物防疫监督机构根据 GB 16549 及国家有关规定进行检疫，并出具检疫证明，合格者方可运出上市交易。

9.3.7 种羊的调运需按照 GB 16567 执行。

9.4 驱虫制度

9.4.1 预防驱虫，每年春、秋季各进行一次驱虫。

9.4.2 发生寄生虫病时，以当地羊寄生虫病发生情况制订驱虫计划，及时控制扑灭疾病。

9.4.3 按驱虫程序（附录B），定期进行驱虫，并做好驱虫记录。

10 资料记录

10.1 种用称重

称测初生重、3月龄、6月龄、12月龄、18月龄、24月龄体重。

10.2 种用羊测量体尺

每年10月和3月对青年羊和成年羊测量体尺，测量项目包括体高、体斜长、胸围、腰角宽、尻斜长。

10.3 种用羊生产记录

10.3.1 每次挤奶必须记录奶量，每天填写产奶量记录表。

10.3.2 每次喂料必须称重。每天填写饲料消耗量。

10.3.3 按时填写羔羊记录表，种羊卡片，选配登记表，繁殖记录表，选配计划表，产羔记录本，治疗记录，用药记录，防疫驱虫记录，工作日报表等。

10.3.4 每年定期计算：总受胎率、情期受胎率、产羔率、平均初生重、公母比例、产羔成活率、断奶重、断奶成活率、发病率、产奶量等。

10.3.5 以上资料建档保存。

10.4 商品用羊资料记录

可参照上述内容酌情选择。

11 羊舍建筑基本要求

11.1 种羊场选址原则

11.1.1 羊场环境应符合 GB/T 18407.5 的规定。

11.1.2 场址用地应符合当地土地利用规划的要求，充分考虑羊场的放牧的饲草、饲料条件，羊场应建在地势干燥、排水良好、通风、易于组织防疫的地方。

11.1.3 羊场周围 3 km 以内无大型化工厂、采矿场、皮革厂、肉品加工厂、屠宰场或畜牧场等污染源。羊场距离干线公路、铁路、城镇、居民区和公共场所 1 km 以上，远离高压电线。羊场周围有围墙或防疫沟，并建立绿化隔离带。

11.1.4 羊场生产区要布置在管理区主风向的下风或侧风向，羊舍应布置在生产区的上风向，隔离羊舍、污水、粪便处理设施和病、死羊处理区设在生产区主风向的下风或侧风向。

11.1.5 场区内净道和污道分开，互不交叉。

11.2 羊舍

11.2.1 奶山羊舍必须保持适当通风和光照。多风多雨可导致初生羔羊死亡。只要能够抵御主风向和避雨，热带、亚热带地区圈舍可以修建为半敞开式的。

11.2.2 按性别、年龄、生长阶段设计羊舍。

11.2.3 羊舍设计应能保温隔湿，地面和墙壁应便于消毒。

11.2.4 羊舍设计应通风、采光良好，空气中有毒有害气体含量应符合 NY/T 388 的规定。

11.2.5 饲养区内不应饲养其他经济用途动物。

11.2.6 羊场应设有废弃物处理设施。

11.2.7 如果圈舍为泥土地面，则必需具备良好的排水设施。应用稻草垫圈作为地面保暖层。并撒上石灰以防止集粪层中有害物质的生长。

11.2.8 如果圈舍为混凝土地面，应具有一定的坡度，以便清洗时利于排水。地板上应铺放稻草垫层。如使用稻草垫，应撒上石灰以防止集粪层中有害物质的生长。

11.2.9 补料的饲槽应该高于地面水平，避免来自粪肥的污染。

11.2.10 储料箱应使用混凝土制作底板以防止湿气和害虫进入。

11.2.11 羊舍建筑规格：羊舍羊床宽一般为 2.5~3.0 m，羊床用漏缝条铺成，在漏缝条下设置粪池。为了有利于清除羊粪，漏缝条与粪池的距离一般 80~100 cm。漏粪木条的选材通常用优质木条、竹条等，规格宽 3~5 cm，厚 2.5~3.5 cm，漏粪条缝隙宽 1.5~2 cm。

11.2.12 宜采用以优质木条、竹条等作为漏粪地板的高床羊舍养殖模式。

11.2.13 农村萨能奶山羊饲养户的羊舍，在符合乡镇统一规划要求条件时，可利用原有羊舍，在达到规模条件下作为过渡羊舍饲养。

12 饲养管理技术

12.1 去角

12.1.1 去角时间

为达到最佳效果，应该在羔羊 7 d 前操作。这样较容易处理且可降低对羊只造成的伤害。

12.1.2 必须物品

烙铁、伴侣动物修饰剪或剪刀、钢锯。

12.1.3 去角按以下程序操作

a）剪掉去角区周围的毛发。

b）固定羔羊头部。

c）使用专用去角烙铁（或去掉顶端的普通烙铁）。

d）将烙铁加热到樱桃红色。

e）用一只手握住羔羊的鼻子，用手指保护羊眼，用烧热烙铁在每个角之上放置 8~10 s，使角基细胞层被破坏并避免再生。

f）用烙铁的发热边缘平整羊角的凸出区域。

g）对处理后的创口不宜使用药膏或敷料。开放的创口和阳光可避免继发感染。在夏天去角可使用驱蝇油。去角后注射抗破伤风针剂能有效阻止破伤风发生。

12.1.4 锯角

12.1.4.1 锯角条件

如果山羊在羔羊期未能去角，为便于管理，可以去除羊角顶端尖锐部分。

12.1.4.2　锯角工具

适当的工具是钢锯或砂轮。

12.2　耳标标记

12.2.1　羔羊出生 24 h 内佩戴耳标，应包含羔羊的出生日期、父母的编号等信息。

12.2.2　因为尺寸限制和需要能够从远处读出标签，因此在标签上记录的数据要简练。

12.2.3　仔细阅读安装所选择耳标类型的操作指南。所有的耳标应被装置在羊耳中部两条主要血管之间。

12.3　修蹄

12.3.1　修蹄条件

12.3.2　修蹄最好在湿气天气或露水较大时，当蹄部变软时开始操作。对蹄部疏于修剪可导致山羊蹄部畸形。

12.3.3　必要物品

12.3.4　修蹄剪、粗锉刀或砂轮。

12.3.5　程序

a）安全地保定山羊，先修前肢后修后肢。

b）弯曲山羊膝部、旋转羊蹄使其底部能被清楚地看到。清理蹄中所有的粪便和污垢。

c）剪掉从脚后跟到脚趾边缘的全部折叠部分及过度生长的边缘。

d）从脚后跟到蹄尖方向修理，直到看到足底部粉红色组织层为止。修剪时每次不可过厚，以免伤到羊脚。

e）修剪好蹄部的山羊在等高的地面上站立时，其蹄部底端应与地面没有间隙。

附录 A

（规范性附录）

免疫程序

A.1 使用疫苗应符合 NY 5046 规定。

A.2 山羊痘病免疫

使用鸡胚化弱毒疫苗（山羊痘活疫苗）预防山羊痘病。新引进羊只，于引进饲养一月后，根据羊只体况、原始免疫记录或免疫抗体监测情况，进行补免或全群加强免疫一次。以后于每年3月份免疫注射一次。不论年龄大小，每只于尾根内侧皮内注射疫苗0.5 mL，注射疫苗后3~4 d产生免疫力，免疫期12个月。

A.3 口蹄疫病免疫

使用牛口蹄疫灭活疫苗预防羊口蹄疫病。新引进羊只，于引进饲养一月后，根据羊只体况、免疫抗体监测情况，进行补免或全群免疫一次。以后于每年3月份和9月份各免疫注射一次。1月龄以上羊只，每只于颈部或腿部肌内注射疫苗1 mL。第一次免疫的羊只，在首免21 d后，按原剂量加强免疫一次。注射疫苗后2~3周产生免疫力，免疫期6个月。

A.4 羊快疫、猝狙（羔羊痢疾）、肠毒血症病免疫

使用羊三联四防灭活疫苗预防。新引进羊只，于引进饲养一月后，羊只体况差的除外，全群免疫一次。以后于每年3月初免疫注射一次。不论年龄大小，每只于肌内或皮下注射疫苗1 mL，免疫期12个月。

A.5 山羊传染性胸膜肺炎病免疫

使用山羊传染性胸膜肺炎灭活疫苗预防免疫。新引进羊只，于引进饲养观察一月后，作为假定健康羊，全群免疫一次，每只于皮下或肌内注射，6月龄以下每只3 mL，6月龄以上每只5 mL，免疫期12个月。以后视羊群发病情况，再进行免疫。

A.6 布鲁氏菌病免疫

使用布鲁氏菌病活疫苗（Ⅱ）预防免疫。新引进羊只，于引进饲养一月后，根据羊只体况、引入地发病情况或免疫抗体监测情况，全群加强免疫一次，不论年龄大小，每只羊投服100亿活菌或皮下注射每一头剂的1/4（折算为1 mL/头）。免疫期3年。以后于每年3月份免疫一次。

A.7 羊炭疽病免疫

使用炭疽芽孢苗2号预防免疫。视羊群发病情况进行免疫，有疫病存在时，每只羊皮下注射0.2 mL，免疫期12个月。

A.8 羊传染性脓疱（羊"口疮"）免疫

使用羊口疮弱毒细胞冻干苗预防免疫。在本病流行地区每年进行免疫，健康羊群口唇黏膜内接种，已发病羊群股内侧划痕接种，每只羊0.2 mL，免疫期5个月。

附录 B

（规范性附录）

免疫程序

B.1 根据新鲜羊粪检验，虫卵检出情况和临床症状进行驱虫。

B.2 绦虫

每年春（3月）、夏（6月）、秋（9月）三季各驱虫一次，使用吡喹酮粉（片），按 40 mg/kg 体重剂量，用适量食用油稀释后投服，一天一次，连用 3 d。使用全虫清注射液（复方伊维菌素注射液，含吡喹酮 100 mg/mL，伊维菌素 1 mg/mL），按 0.1 mL/kg 体重，皮下注射，一天一次，连用 3 d。使用氯硝柳胺（灭绦灵），按 50~70 mg/kg 体重，口服，投药前停饲 5~8 h。

B.3 线虫

每年春、秋两次或每个季度驱虫一次，使用伊维菌素注射液，按 0.2 mg/kg 体重剂量，每只羊皮下注射或口服。使用左旋咪唑，按 8~10 mg/kg 体重，口服；按 7.5 mg/kg 体重，肌内注射，首次用药后间隔 2~3 周再用药一次。使用丙硫苯咪唑，按 15 mg/kg 体重，口服。

B.4 体外寄生虫

每年春、秋两季，使用伊维菌素注射液，按 0.2 mg/kg 体重，皮下注射。使用 1% 敌百虫溶液涂擦患部。使用 0.05% 双甲脒、或 0.01% 溴氰菊酯、或 0.03% 林丹①乳液喷洒或药浴。

---

① 编者注：目前林丹已被农业农村部列为禁用于所有食品动物、用作杀虫剂、清塘剂、抗菌或杀螺剂的兽药。

四、羊乳检测方法

【行业标准】

羊奶真实性鉴定技术规程
Code of practice for adulteration in goat milk product

标 准 号：NY/T 3050—2016

发布日期：2016-12-23　　　　　　实施日期：2017-04-01

发布单位：中华人民共和国农业部

前　　言

本标准按照 GB/T 1.1—2009 给出的规则起草。

本标准由农业部畜牧业司提出。

本标准由全国畜牧业标准化技术委员会（SAC/TC 274）归口。

本标准起草单位：中国农业科学院北京畜牧兽医研究所、农业部奶产品质量安全风险评估实验室（北京）、青岛农业大学、安徽农业大学、安徽省农业科学院畜牧兽医研究所。

本标准主要起草人：郑楠、屈雪寅、杨晋辉、杨永新、胡菡、周雪巍、李松励、叶巧燕、于建国、文芳、许晓敏、韩荣伟、张养东、程建波、王加启。

羊奶真实性鉴定技术规程

1 范围

本标准规定了聚合酶链式反应（PCR）方法、二维凝胶电泳（2-DE）法及酶联免疫吸附（ELISA）法，对生羊奶、超高温灭菌（UHT）液态羊奶和羊奶粉中掺入牛源性奶成分的定性检测方法。

本标准第一法和第二法适用于生羊奶、UHT灭菌液态羊奶及羊奶粉；第三法适用于生羊奶。

本标准第一法的检出限为：生羊奶中掺假2.0%生牛奶，生羊奶掺假0.2%牛奶粉，UHT液态羊奶掺假5.0%UHT液态牛奶，羊奶粉掺假2.0%牛奶粉；第二法的检出限为生羊奶掺假5.0%生牛奶，生羊奶掺假1.0%牛奶粉，UHT液态羊奶掺假5.0%UHT液态牛奶，羊奶粉掺假2.0%牛奶粉；第三法的检出限为生羊奶掺假0.1%生牛奶。

2 规范性引用文件

下列文件对于本文件的应用是必不可少的。凡是注日期的引用文件，仅注日期的版本适用于本文件。凡是不注日期的引用文件，其最新版本（包括所有的修改单）适用于本文件。

GB/T 6682 分析实验室用水规格和试验方法

第一法 聚合酶链式反应（PCR）法

3 原理

提取奶及奶制品中体细胞DNA，利用牛特异性的引物通过PCR扩增牛特定的DNA序列，电泳分离PCR产物，以牛源性成分PCR产物作对照，初步判断是否含有牛源性奶成分。通过对PCR扩增的特定DNA片段进行测序，与标准序列进行比较，确认检测结果。

4 试剂和材料

除非另有说明，在分析中仅使用确认为分析纯的试剂，水应符合GB/T 6682一级水的要求。

4.1 无水乙醇。

4.2 75%乙醇。

4.3 三羟甲基氨基甲烷（Tris）。

4.4 琼脂糖：电泳级。

4.5 蛋白酶K：20g/L。

4.6 核酸荧光染料。

4.7 DNA分子量标记（Marker）：50~500 bp。

4.8 牛源性成分检测用引物（对）序列：

正向：5′-GCCATATACTCTCCTTGGTGACA-3′；

反向：5′-GTAGGCTTGGGAATAGTACGA-3′。

4.9 磷酸盐缓冲液（PBS 缓冲液）：分别称取磷酸二氢钾 0.27 g、磷酸氢二钠 1.42 g、氯化钠 8.0 g、氯化钾 0.2 g，于 800 mL 水中充分溶解，用浓盐酸调节溶液 pH 值至 7.4，加水定容至 1 L，分装后高压灭菌。

4.10 氯化钠溶液（0.9 g/L）：称取 0.90 g 氯化钠，于 800 mL 水中充分溶解后，加水定容至 1 L。

4.11 乳化缓冲液：取 430 mL 浓度为 0.9 g/L 的氯化钠溶液（4.10），加入 10 mL 聚乙二醇对异辛基苯基醚（TritonX-100）60 mL 无水乙醇（4.1），混合均匀。

4.12 三羟甲基氨基甲烷盐酸（Tris-HCl）溶液（1 mol/L）：称取 121.1 g Tris（4.3），于 800 mL 水中充分溶解。冷却至室温后，用盐酸调节溶液的 pH 值至 8.0，加水定容至 1 L，分装后高压灭菌。

4.13 氢氧化钠溶液（10 mol/L）：称取 40.0 g 氢氧化钠，于 80 mL 水中充分溶解后，加水定容至 100 mL。

4.14 EDTA 溶液（0.5 mol/L）：称取 186.1 g 二水乙二胺四乙酸二钠，加入 700 mL 水中，在磁力搅拌器上剧烈搅拌，用 10 mol/L 氢氧化钠溶液（4.13）调 pH 值至 8.0，加水定容至 1 L，分装后高压灭菌。

4.15 溴代十六烷基三甲胺（CTAB）提取缓冲液：分别称取 81.82 g 氯化钠、20.0 g 溴代十六烷基三甲胺（CTAB），于 800 mL 水中充分溶解后，加入 100 mL Tris-HCl 溶液（4.12）和 40 mL EDTA 溶液（4.14），加水定容至 1 L，分装后高压灭菌。

4.16 Tris 饱和苯酚、三氯甲烷和异戊醇混合液：V_1（Tris 饱和苯酚）+V_2（三氯甲烷）+V_3（异戊醇）= 25+24+1。

4.17 Tris-EDTA（TE）缓冲液（pH 值为 8.0）：在 800 mL 水中，依次加入 10 mL Tris-HCl 溶液（4.12）和 2 mL EDTA 溶液（4.14），加水定容至 1 L，分装后高压灭菌。

4.18 引物溶液：用灭菌水或 TE 缓冲液（4.17）将引物（4.8）稀释到 10 μmol/L。

4.19 2×Taq Mix：内含 DNA Taq 聚合酶 0.05 U/μL、Mg^{2+} 3.0 mmol/L、dNTP 各 0.4 mmol/L。

4.20 50×TAE 缓冲液：称取 Tris（4.3）242.0 g，于 700 mL 灭菌水中充分溶解后，加入 EDTA 溶液（4.14）100 mL，冰乙酸 57.1 mL，充分溶解后加水定容至 1 L。

4.21 0.5×TAE 缓冲液：取 10 mL 50×TAE 缓冲液（4.20），加灭菌水定容至 1 L。

4.22 6×上样缓冲液：内含 EDTA 30 mmol/L，溴酚蓝 0.05%，丙三醇 36%，二甲苯蓝 0.035%。

5 仪器

5.1 PCR 扩增仪。

5.2 电泳仪。

5.3 凝胶成像仪。

5.4 核酸蛋白分析仪或紫外分光光度计。

5.5 离心机：转速不小于 12 000 r/min，4℃可控。

5.6 高压灭菌锅。

5.7 电子天平：感量 0.1 mg 和 0.01 g。

5.8 恒温水浴锅：60℃可控。

5.9 pH 计。

5.10 掌式离心机。

5.11 磁力搅拌器。

5.12 移液器：量程为 10 μL、200 μL、1 mL 和 5 mL。

6 分析步骤

6.1 体细胞分离

取液体样品 50 mL，或将奶粉样品按 1:8 比例配制成复原乳后，取 50 mL。于 3 000 r/min 4℃离心 15 min，用 1 mL PBS 缓冲液（4.9）将底部沉淀悬浮，转移于 1.5 mL 离心管中，3 000 r/min 离心 10 min，弃去上清液。向离心管中加入 1 mL PBS 缓冲液悬浮沉淀，1 000 r/min 离心 10 min，弃去上清液。加入 150 μL 乳化缓冲液（4.11）及 1 mL PBS 缓冲液悬浮沉淀，于 40℃恒温水浴锅加热 10 min 后，3 000 r/min 离心 10min，弃去上清液。加入 1 mL PBS 缓冲液洗涤沉淀，12 000 r/min 离心 10 min，得到体细胞。待测或−20℃冷冻保存。

6.2 模板 DNA 提取及纯化

6.2.1 CTAB 法提取模板 DNA 及纯化

向上述得到的体细胞（6.1）中，加入 800 μL CTAB 提取缓冲液（4.15），60 μL 蛋白酶 K（4.5），60℃ 恒温水浴锅中加热 2 h，其间不时轻弹混匀。12 000 r/min 离心 10 min，除去杂质。

吸取上清液于 2 mL 离心管中，加入等体积的 Tris 饱和苯酚、三氯甲烷和异戊醇混合液（4.16），轻缓颠倒混匀后，12 000 r/min 离心 15 min。吸取上清液，置于另一支 2 mL 离心管中，加入等体积的 Tris 饱和苯酚、三氯甲烷和异戊醇混合液（4.16），12 000 r/min 离心 10 min。将上清液转移于 1.5 mL 离心管中，加入两倍体积的无水乙醇溶液（4.1），混匀后于−20℃放置 30 min。12 000 r/min 离心 10 min，弃去上清液，加入 1 mL 75%乙醇洗涤沉淀（4.2），12 000 r/min 离心 5 min，弃去上清液。室温下挥发干残留乙醇，加入 30~50 μL TE 缓冲液（4.17）溶解 DNA 沉淀。可利用核酸蛋白分析仪或紫外分光光度计测定提取 DNA 浓度及纯度（附录 A）。若蛋白残留量高，可向溶解的 DNA 中加入 500 μL 灭菌水和等体积的 Tris 饱和苯酚、三氯甲烷和异戊醇混合液（4.16）抽提，并重复之后操作步骤。得到的模板 DNA 待测或置−20℃冻存。

同时，用不含牛源性的样品做阴性对照，用含有牛源性的样品做阳性对照。

6.2.2 试剂盒提取模板 DNA 及纯化

可用等效 DNA 提取试剂盒提取模板 DNA 及纯化柱纯化 DNA，按说明书操作。

6.3 PCR 扩增

在 200 μL PCR 反应管中依次加入浓度为 10 μmol/L 正向和反向引物（4.18）各

1 μL，2×*Taq* Mix 缓冲液 10 μL（4.19），模板 DNA 2~3 μL，灭菌水补足体积至 20 μL。每个试样 2 个重复，同时进行以灭菌水作为模板的空白对照。掌式离心机离心 10 s 后，放入 PCR 仪中进行扩增。

PCR 扩增程序为：94℃预变性 4 min；94℃变性 45 s，63℃退火 30 s，72℃延伸 1 min，30 个循环；72℃延伸 7 min，4℃保存，

6.4 电泳检测 PCR 扩增产物

称取适量琼脂糖（4.4），加入 0.5×TAE 缓冲液（4.21）配制成 2% 的琼脂糖溶液，微波加热至完全溶解，冷却至 60℃左右，按每 100 mL 琼脂糖溶液加入 5 μL 核酸荧光染料（4.6）的比例，加入核酸荧光染料。摇匀后倒入电泳板，放置合适的梳子，制成约 5 mm 厚的凝胶，室温下遮光冷却至凝固。取下梳子，放入含有 0.5×TAE 电泳缓冲液（4.21）的电泳槽中，液面高于凝胶 2~3 mm。将 5~8 μL PCR 扩增产物（6.3）与 1 μL 6×上样缓冲液（4.22）混合后，加入点样孔中。同时，加入 5 μL DNA 分子量标记（4.7）于每个点样孔中。5~8 V/cm 恒压电泳，时间 20~30 min。结束后，将凝胶取出置于凝胶成像仪进行成像，根据 DNA 分子量标记判断目的条带大小。

7 结果分析及表述

7.1 当阴性对照和（或）空白对照在 271 bp 处出现条带，而阳性对照在 271 bp 处未出现条带时，本次测定结果无效。应重新进行实验，并排除污染因素。

7.2 当阴性对照及空白对照在 271 bp 处未出现条带，而阳性对照在 271 bp 出现条带时，则待测样品判定如下：

a）待测样品在 271 bp 处未出现扩增条带，则未检出牛源性奶成分；

b）待测样品在 271 bp 处出现扩增条带，则为疑似含有牛源性奶成分。此时，可用正向引物和反向引物分别对 PCR 扩增产物进行测序，将序列中两端引物碱基除去后，与附录 B 的 DNA 序列进行比对，判定如下：

1）符合程度在 98% 以下，未检出牛源性奶成分；

2）符合程度在 98% 及以上，则检出牛源性奶成分。

注：当平行 PCR 产物序列（不含两端引物碱基）结果不一致，则本次测定结果无效。应重新进行试验，直至测序结果一致。

第二法　二维凝胶电泳（2-DE）法

8 原理

二维凝胶电泳，即第一向等电聚焦电泳是根据蛋白质等电点分离，第二向十二烷基磺酸钠聚丙烯酰胺凝胶电泳是根据蛋白质的相对分子质量分离。样品中的蛋白质组经过等电点和蛋白质的相对分子质量分离后，在凝胶板上聚集为位置不同的蛋白点。根据牛源性与羊源性 β-乳球蛋白的等电点和相对分子质量的不同，在凝胶上进行分离，通过与对照样品凝胶图谱对比，判断是否含有牛源性奶成分。

9 试剂和材料

除非另有说明，在分析中仅使用确认为分析纯的试剂，水为 GB/T 6682 中规定的

一级水。

9.1 尿素。

9.2 三羟甲基氨基甲烷（Tris）。

9.3 十二烷基磺酸钠（SDS）。

9.4 二硫苏糖醇。

9.5 甘氨酸

9.6 预制 IPG 胶条：pH 3~10 或 pH 4~7。

9.7 二维凝胶电泳两性电解质液：pH 4~7，pH 3~10。

注：两性电解质的选择取决于 IPG 胶条（9.6）的 pH 范围，pH 3~pH 10 胶条选择两性电解液的 pH 范围为 3~10，pH 4~pH 7 胶条选择两性电解液 pH 为 4~6 和 5~7，添加体积为上样体积的 0.5%~1%。

9.8 电泳矿物油，纯度>99.0%。

9.9 水化上样缓冲液：分别称取尿素（9.1）4.20 g，硫脲 1.52 g，3-[（3-胆固醇氨丙基）二甲基氨基]-1-丙磺酸 0.40 g，加水溶解后，定容至 10 mL，分装后在-20℃条件下冷冻保存。使用时复融，加入二硫苏糖醇（9.4）0.098 g，两性电解质液 pH 3~10（9.7）50 pL，或 pH 4~6 和 pH 5~7 的电解质液（9.7）各 25 μL，溴酚蓝指示剂（9.23）10 μL。

注：水化上样缓冲液一旦复融不能再冷冻。

9.10 聚丙烯酰胺储液（30%）：分别称取丙烯酰胺 150.0 g，甲叉双丙烯酰胺 4.0 g，加水溶解后，定容至 500 mL。

9.11 三羟甲基氨基甲烷盐酸（Tris-HCl）溶液（1.5 mol/L）：称取 Tris（9.2）90.75 g，溶于 400 mL 的水中，用盐酸调 pH 值至 8.8，加水定容至 500 mL，4℃ 冷藏。

9.12 十二烷基磺酸钠溶液（10%）：称取 10.0 g 的 SDS（9.3）于 80 mL 水中，加热溶解后，定容至 100 mL。

9.13 过硫酸铵溶液（10%）：称取过硫酸铵 1.0 g，加水溶解后，定容于 10 mL 的水中，现配现用。

9.14 聚丙烯酰胺凝胶（10%）：分别吸取 20.0 mL 30% 聚丙烯酰胺储液（9.10），12.5 mL 1.5 mol/L Tris-HCl 溶液（9.11），0.5 mL 10% SDS 溶液（9.12），0.5 mL 10% 过硫酸铵溶液（9.13），20 μL N，N，N′，N′-四甲基乙二胺，加水溶解后，定容至 50 mL。

9.15 胶条平衡缓冲液母液：分别称取尿素（9.1）36.0 g，SDS（9.3）2.0 g，加入 25 mL 1.5 mol/L Tris-HCl（9.11），20 mL 甘油，加水溶解后，定容至 100 mL。分装后，在-20℃条件下冷冻保存。

9.16 胶条平衡缓冲液Ⅰ：取胶条平衡缓冲液母液（9.15）10 mL，加入二硫苏糖醇（9.4）0.2 g，充分混匀，现用现配。

9.17 胶条平衡缓冲液Ⅱ：取胶条平衡缓冲液母液（9.15）10 mL，加入碘代乙酰胺 0.25 g，充分混匀，现用现配。

9.18 10×电泳缓冲液：分别称取 Tris（9.2）30.0 g，甘氨酸（9.5）144.0 g，SDS

（9.3）10.0 g，加水溶解后，定容至 1 L，室温保存。使用时，将其稀释 10 倍，制成 1×电泳缓冲液。

9.19　低熔点琼脂糖封胶液：分别称取低熔点琼脂糖 0.50 g，Tris（9.2）0.303 g，甘氨酸（9.5）1.44 g，10% SDS 溶液（9.12）1 mL，0.05%溴酚蓝指示剂（9.23）100 μL，加水溶解至澄清，室温保存，使用时加热溶解，并快速冷却至室温。

注：实验过程中应控制温度低于 38℃，避免尿素发生氨甲酰化，发生蛋白等电点偏移现象。加热配制的试剂需要完全冷却后，才可继续试验。

9.20　固定液：分别量取无水乙醇 40 mL、乙酸 10 mL、水 50 mL，混匀后常温保存。

9.21　氢氧化钠溶液（0.05 mol/L）：称取 0.2 g 氢氧化钠，于 80 mL 水中充分溶解后，加水定容至 100 mL。

9.22　考马斯亮蓝 G250 染色液：分别称取硫酸铵 100.0 g，考马斯亮蓝 G250 0.12 g，加水溶解后，加入无水乙醇 20 mL、磷酸 10 mL，定容至 100 mL，室温避光保存。

9.23　3，3′，5，5′-四溴苯酚磺酰酞（溴酚蓝）指示剂（0.05%）：称取溴酚蓝 0.1 g，加入 0.05 mol/L 氢氧化钠溶液（9.21）3.0 mL，溶解后，加水定容至 200 mL。

9.24　蛋白浓度测定试剂盒：内含牛血清标准白蛋白（BSA）和染色液。

10　仪器

10.1　等电聚焦仪：电压可达 10 000 V，配有等电聚焦盘和水化盘。

10.2　聚丙烯酰胺凝胶电泳仪：配套有玻璃板、灌胶装置。

10.3　扫描仪：分辨率大于 600 dpi。

10.4　离心机：转速不小于 5 000 r/min，4℃可控。

10.5　水平摇床。

10.6　电子天平：感量 0.01 g。

10.7　pH 计。

10.8　旋涡振荡仪。

10.9　移液器：量程为 10 μL、200 μL、1 mL 和 5 mL。

11　分析步骤

11.1　试液制备

取液体样品 50 mL，或将奶粉样品按 1：8 比例配制成复原乳后，取 50 mL。于 5 000 r/min 4℃离心 15～20 min，除去脂肪层，吸取上清液，待测或-20℃冷冻保存。利用蛋白浓度测定试剂盒（9.24）测定上清液中的蛋白浓度。

注：蛋白浓度测定试剂盒操作按其说明书操作。

11.2　等电聚焦电泳

脱脂乳蛋白上样量为 250～300 μg，根据测得的蛋白浓度折算上样体积。取 300～500 pL 水化上样缓冲液（9.9），加入样品后，涡旋振荡混匀。

注：将水化上样缓冲液加入蛋白样品中，终溶液中尿素的浓度应≥6.5 mol/L。

沿聚焦盘槽边缘加入样品，避免产生气泡。待所有样品加入后，用平头镊子去除预制 IPG 胶条（9.6）上的保护层。将 IPG 胶条置于聚焦盘中样品溶液上，移动胶条，除去气泡。沿胶条，在塑料支撑膜上滴加 2～3 mL 矿物油（9.8），盖上盖子。设置等电聚焦程序（可参照表 C.1 或表 C.2）。聚焦结束后，立即进行第二向聚丙烯酰胺凝胶电泳，或将胶条置于样品水化盘中，−20℃冰箱保存。

注：胶条在电泳之前宜先经过至少 11 h 的溶胀，确保所有脱脂乳蛋白溶液都被胶条所吸收。

同时，用不含牛源性奶成分的羊奶样品做阴性对照，用牛奶样品做阳性对照。

11.3 聚丙烯酰胺凝胶电泳

11.3.1 将 10% 的聚丙烯酰胺凝胶（9.14）注入玻璃板夹层中，上部留 1 cm 的空间，用水封闭并压平胶面，聚合 60~90 min。凝胶凝固后，倒去凝胶上面的水，并用水反复冲洗胶面 2~3 次后，用滤纸吸干。

11.3.2 将等电聚焦电泳结束后的胶条（或取出冷冻保存的胶条，置于干燥滤纸上解冻），用水冲洗，并用滤纸吸除多余的矿物质油和水。

将胶条转移至水化盘中进行第一次平衡，加入 5 mL 胶条平衡缓冲液 I（9.16）。于水平摇床上缓慢摇晃 10~15 min 后，倒掉水化盘中的液体，并用滤纸吸除胶条上的缓冲液。加入胶条平衡缓冲液 II（9.17），进行第二次平衡。用平头镊子将 IPG 胶条从样品水化盘中移出，置于长玻璃板上，浸泡在 1×电泳缓冲液（9.18）中 15~30 min。加入低熔点琼脂糖封胶液（9.19），使之与聚丙烯酰胺凝胶（11.3.1）胶面完全接触并除去气泡。静置至低熔点琼脂糖封胶液完全凝固，将凝胶转移至电泳槽中。

在电泳槽加入电泳缓冲液，接通电源。起始时，用低电流（5 mA/胶条）或低电压（50 V），待样品走出 IPG 胶条并浓缩成一条线后，加大电流（30 mA/胶条）或电压（200 V），待溴酚蓝指示剂（9.23）达到底部边缘时即可停止电泳。打开两层玻璃，取出凝胶并标记，于固定液（9.20）中固定 2 h，考马斯亮蓝 G250 染色液（9.22）中染色 16~24 h 后，用水漂洗 18 h 以上，置于扫描仪中进行扫描。

12 结果表述

与阳性对照样品 β-乳球蛋白位置相比较（可参照附录 D），具体表述如下：

a）待测样品与阳性样品在相同等电点位置及相对分子质量处无蛋白点出现时，则待测样品中未检出牛源性奶成分；

b）待测样品与阳性样品在相同等电点位置及相对分子质量处有蛋白点出现时，则待测样品中检出牛源性奶成分。

注：若有必要对阳性结果做进一步确认，宜将目标区域的凝胶切割回收，利用基质辅助激光解析电离飞行时间质谱进行鉴定，通过 MASCOT 搜索无冗余的美国国立生物技术信息中心数据库比对鉴定蛋白。

第三法 酶联免疫吸附（ELISA）法

13 原理

通过对生牛奶中的天然成分免疫球蛋白 G 的检测，确定牛源性成分。试样中的牛免疫球蛋白 G 与微孔板中包被的特异性抗体结合后，加入针对牛免疫球蛋白 G 的过氧化物酶标记的抗体，与抗原结合。加入底物和显色液显色，在 450 nm 处测量吸光度值，与标准溶液比较定性。

14 试剂和材料

除非另有说明，在分析中仅使用确认为分析纯的试剂，水为 GB/T 6682 中规定的一级水。

14.1 酶联反应试剂盒中的试剂（4℃冷藏保存）

注：不同试剂盒制造商间的产品组成和操作会有微小差异，应按其说明书操作。

14.1.1 包被有牛免疫球蛋白 G 抗体的微孔板。

14.1.2 标准溶液：分别含有 10%、1% 和 0.1% 的牛奶成分。

注：与样品稀释相同倍数。

14.1.3 酶连接物稀释缓冲液：磷酸盐。

14.1.4 酶标抗体：含有过氧化物酶标记的牛免疫球蛋白 G 抗体。使用时，充分摇匀后应使用酶连接物稀释缓冲液（14.1.3），以 V_1（酶标抗体）$+V_2$（稀释缓冲液）$= 1 + 10$ 的比例进行稀释，现用现配。

14.1.5 底物：过氧化脲。

14.1.6 显色液：四甲基对二氨基联苯。

14.1.7 反应终止液：0.5 mol/L 硫酸。

15 仪器

15.1 酶标仪。

15.2 移液器：量程为 100 μL 和 500 μL。

16 操作步骤

16.1 试液制备

将生乳样品用水稀释 100 倍。

16.2 试剂盒测定

将酶联反应试剂盒（14.1）于室温下（20~25℃）充分回温。

将足够两次平行的标准溶液检测和样品检测所需数量的孔条（14.1.1）插入微孔板架，记录下标准溶液和试液的位置。将 100 μL 标准溶液（14.1.2）及试液（16.1）加到相应的微孔中，在室温条件下（20~25℃）孵育 30 min。倒出孔中的液体，将微孔板架倒置在吸水纸上拍打（每轮拍打 3 次）以完全除去孔中的液体。每孔加入 250 μL 水洗涤微孔。上述操作重复进行两遍。

按上述顺序，向每一个微孔中加入 100 μL 稀释后的酶标抗体（14.1.4），充分混合，在室温条件下（20~25℃）孵育 30 min。倒出孔中的液体，将微孔板架倒置在吸水纸上拍打（每轮拍打 3 次）以完全除去孔中的液体。每孔加入 250 μL 水洗涤微孔。上述操作重复进行两遍。

按上述顺序，向每一个微孔中加入 50 μL 底物（14.1.5）和 50 μL 发色剂（14.1.6），充分混合后在室温（20~25℃）条件下暗处孵育 30 min。按上述顺序，向每一个微孔中加入 100 μL 反应终止液（14.1.7），充分混合，30 min 内置于酶标仪 450 nm 处测量吸光度值并记录。

17　结果表述

计算每个标准溶液吸光度值的平均值。具体表述如下：

a）待测样品吸光度值小于含牛奶成分 0.1% 的标准溶液，表明样品中不含或含有小于 0.1% 的牛奶成分；

b）待测样品吸光度值位于含牛奶成分 1% 和 0.1% 的标准溶液之间，表明样品中含有大于 0.1% 且小于 1% 的牛奶成分；

c）待测样品吸光度值大于含牛奶成分 1% 的标准溶液，表明样品中含有大于 1% 的牛奶成分。

附录 A

（规范性附录）

DNA 浓度及纯度的测定及范围

A.1 DNA 浓度及纯度的测定

取适量 DNA 溶液（6.2.1），加灭菌水稀释一定倍数后，利用核酸蛋白分析仪或紫外分光光度计测定 260 nm 和 280 nm 的吸光度值。

A.1.1 DNA 溶液的浓度

DNA 溶液的浓度以质量浓度 c 计，数值以微克每毫升（μg/mL）表示，按式（A.1）计算。

$$c = A_{260} \times N \times 50 \qquad\qquad (A.1)$$

式中：

A_{260}——260 nm 处的吸光度值；

N——稀释倍数。

A.1.2 DNA 溶液的纯度

以 A_{260}/A_{280} 值表示 DNA 的纯度。

A.2 浓度及纯度的范围

A.2.1 当 c 值大于 40 μg/mL，且 A_{260}/A_{280} 值为 1.7~1.9 时，进行下一步 PCR 扩增实验；当 A_{260}/A_{280} 值小于 1.7 或大于 1.9 时，则蛋白残留量过高，应再次纯化后，进行 PCR 扩增实验。

A.2.2 当 c 值小于 40 μg/mL，应重新进行提取，并减少 TE 缓冲液的加入量。

附录 B

（规范性附录）

牛源性特定 DNA 序列

牛源性 PCR 扩增产物序列（无引物序列）如下：

TAAGGGTTACGAGAGGGAGACCTAAAATTACAGGGGTAATAAAAGAGGTAAATAAAT
TTTCGTTCATTTTGTTTCTCAAGGGGTGTTTTGTTTTAATATTTTTGTTGGTGTCAGTTCTGGA
TTGTGATAAAAGTTGTGTTTTGAAACTTTTAGTTGAAAGATGATAAAAAGGGTCAAGAATAT
TGATAAGATC ATTGTCAGTCATGTTGACGTGTCTAGTTGCGGCA

附录 C

（资料性附录）

胶条等电聚焦条件

C.1 11 cm 胶条等电聚焦条件设置

见表 C.1。

表 C.1 11 cm 胶条等电聚焦条件设置

步骤	电压/V	升压方式	设置时间	目 的
1	50	—	12~16 h	主动水化
2	250	线性升压	30 min	除盐
3	1 000	快速升压	30 min	除盐
4	8 000	线性升压	4 h	升压
5	8 000	快速升压	40 000 V×h	聚焦
6	500	快速升压	任意时间	保持

C.2 17 cm 胶条等电聚焦条件设置

见表 C.2。

表 C.2 17 cm 胶条等电聚焦条件设置

步骤	电压/V	升压方式	设置时间	目 的
1	50	—	12~16 h	主动水化
2	250	线性升压	30 min	除盐
3	1 000	快速升压	1 min	除盐
4	10 000	线性升压	5 h	升压
5	10 000	快速升压	60 000 V×h	聚焦
6	500	快速升压	任意时间	保持

附录 D
（资料性附录）
二维凝胶电泳谱图

牛源性奶产品和羊源性奶产品二维凝胶电泳图见图 D.1。

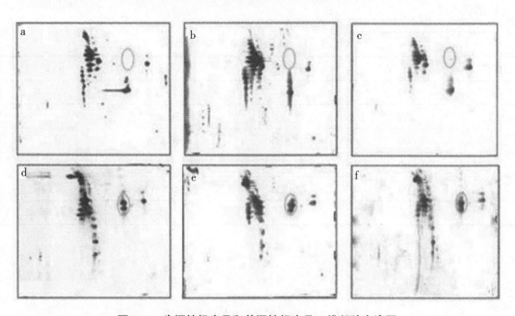

图 D.1 牛源性奶产品和羊源性奶产品二维凝胶电泳图

说明：

a、d——生羊奶；c、f——羊奶粉。

b、e——UHT 液态羊奶；

注：由上至下的等电点变化为 4~7，由左至右分子量逐渐变小。圆圈标注为牛源 β-乳球蛋白出现的位置。

【团体标准】

乳及乳制品中牛（家牛、牦牛和水牛）和羊（山羊和绵羊）源性成分定性检测方法实时荧光 PCR 法

Qualitative detection of bovine（Bos taurus，Bubalus bubalus and Bos grunniens）and ovine（Ovis aries and Capra hircus）derived ingredients in milk and dairy products—Real time PCR method

标 准 号：T/CNHFA 002—2022
发布日期：2022-06-22　　　　　　　实施日期：2022-07-01
发布单位：中国营养保健食品协会

前　　言

本文件按照 GB/T 1.1—2020《标准化工作导则　第 1 部分：标准化文件的结构和起草规则》的规定起草。

请注意本文件的某些内容可能涉及专利。本文件的发布机构不承担识别这些专利的责任。

本文件由海普诺凯营养品有限公司提出。

本文件由中国营养保健食品协会归口。

本文件起草单位：海普诺凯营养品有限公司、中国检验检疫科学研究院、中国检验检疫科学研究院 粤港澳大湾区研究院。

本文件主要起草人：侯艳梅、杨艳歌、刘鸣畅、吴亚君、吴桐、王云帆、谢奎、王迎春、王洪越、王丹丹、吴占文、王帅。

乳及乳制品中牛（家牛、牦牛和水牛）和羊（山羊和绵羊）源性成分定性检测方法　实时荧光 PCR 法

1　范围

本文件规定了乳及乳制品中牛（家牛、牦牛和水牛）、羊（山羊和绵羊）源成分以及家牛、牦牛、水牛、山羊、绵羊单一乳源成分的实时荧光 PCR 定性检测方法，方法的最低检出限为 1%（配料质量比）。

本文件适用于乳及乳制品中牛（家牛、牦牛和水牛）、羊（山羊和绵羊）以及家牛、牦牛、水牛、山羊、绵羊源性成分的定性检测，适用的产品类别包括液态乳（巴氏杀菌乳、高温杀菌乳、调制乳、灭菌乳、发酵乳）、乳粉（全脂乳粉、脱脂乳粉、部分脱脂乳粉、调制乳粉、乳清粉）、婴幼儿配方乳粉等。

2　规范性引用文件

下列文件中的内容通过文中的规范性引用而构成本文件必不可少的条款。其中，注日期的引用文件，仅该日期对应的版本适用于本文件；不注日期的引用文件，其最新版本（包括所有的修改单）适用于本文件。

GB 19489　　实验室生物安全通用要求

GB/T 6682　　分析实验室用水规格和试验方法

GB/T 27403　　实验室质量控制规范　食品分子生物学检验

3　术语和定义

下列术语和定义适用于本文件。

3.1

实时荧光 PCR Real-time PCR

在 PCR 反应体系中加入荧光基团，利用荧光信号积累实时监测整个 PCR 进程，实现对起始模板的定量及定性分析。

3.2

Ct 值 Cycle threshold（Ct）

每个反应管内的荧光信号到达设定的阈值时所经历的循环数。

4　缩略语

下列缩略语适用于本文件。

4.1　CTAB：cetyltrithylammonium bromide，十六烷基三甲基溴化铵。

4.2　*cytb*：cytochrome b，线粒体细胞色素 b 基因。

4.3　dATP：deoxyadenosine triphosphate，脱氧腺苷三磷酸。

4.4　dCTP：deoxycytidine triphosphate，脱氧胞苷三磷酸。

4.5　dGTP：deoxyguanosine triphosphate，脱氧鸟苷三磷酸。

4.6　DNA：deoxyribonuleicacid，脱氧核糖核酸。

4.7　dNTP：deoxyribonuleoside triphosphate，脱氧核苷酸三磷酸。

4.8　dTTP：deoxythymidine triphosphate，脱氧胸苷三磷酸。

4.9　EDTA：Ethylene diaminetetraacetic acid，乙二胺四乙酸。

4.10　*GH*：Growth Hormone，生长激素基因。

4.11　PCR：polymerase chain reaction，聚合酶链式反应。

4.12　Tris：Tris（Hydroxymethyl）aminomethane，三羟甲基氨基甲烷。

4.13　*Taq*：*Thermus aquaticus*，水生栖热菌。

4.14　UNG：uracil N-glycosylase，尿嘧啶 N-糖基化酶。

5　生物安全措施

为了保护实验室人员的安全和防止污染，应由具备资格的工作人员检测，所有生物安全防护的设施、设备和安全管理的基本要求按照 GB 19489 有关规定执行。

6　方法原理

基于实时荧光 PCR 的检测原理，采用哺乳动物通用和牛（家牛、牦牛和水牛）、羊（山羊和绵羊），以及家牛、牦牛、水牛、山羊、绵羊单一乳源成分的特异性引物探针，对样品中提取的 DNA 模板进行实时荧光 PCR 反应。根据反应结果判定羊乳样品中是否含有牛（家牛、牦牛和水牛）、羊（山羊和绵羊）、以及家牛、牦牛、水牛、山羊、绵羊单一乳源成分。

7　仪器设备

7.1　实时荧光 PCR 仪。

7.2　核酸蛋白分析仪或紫外分光光度计。

7.3　分析天平：精度 0.1 mg。

7.4　水浴锅。

7.5　离心机：离心力≥12 000 g。

7.6　微量移液器：0.5~10 μL，10~100 μL，20~200 μL，100~1 000 μL。

7.7　涡旋混匀仪。

7.8　恒温孵育器。

7.9　 pH 计。

8　试剂和材料

除另有规定外，所有试剂均为分析纯或生化试剂。实验用水符合 GB/T 6682 的要求。所有试剂均用 无 DNA 酶污染的容器分装。

8.1　哺乳动物、牛（家牛、牦牛和水牛）、羊（山羊和绵羊）通用引物探针，以及家牛、牦牛、水牛、山羊、绵羊成分扩增引物和探针详见表1。

表1　检测用引物和探针

名称	检测物种	引物序列（5′—3′）	靶基因	扩增长度	来源
质控	哺乳动物	F：CTCAGCAGGGTCTTCACCAACA R：TGCCTTCCTCTAGGTCCTTCAGC P：FAM-TGGTGTTTGGCACCTCGGACCGT-TAMRA	*GH*	82 bp	本文件
牛	家牛、水牛和牦牛	F：GTTGCCAGCCATCTGTTGTTTG R：ATTAGGAAAGGACAGTGGGAGTGG P：FAM-TCCCGTGCCTTCCTTGACCCTGG-TAMRA	*GH*	81 bp	本文件
羊	山羊和绵羊	F：TGCCAGCCATCTGTTGTTACC R：AAAGGACAGTGGGCACTGGAG P：FAM-CCCGTGCCTTCCTAGACCCTGGAAG-TAMRA	*GH*	79 bp	本文件
家牛	家牛	F：GCAGGCATGCTGGGGATG R：CTAAGAACCAGGAGCGTGGACAG P：FAM-TACCCAGGTGCTGAAGAATTGACCCGG-TAMRA	*GH*	135 bp	本文件
水牛	水牛	F：TTCATTGAYCTCCCTGCTCC R：GGAATAGGCCGGTGAGGATT P：FAM-ACTTTGGCTCTCTCC-MGB	*cytb*	100 bp	SN/T3730.7—2013
牦牛	牦牛	F：AACTTCGGCTCCATAGTAGGAGTA R：CGTCTCGGCAGATATGGACA P：FAM-CGGAGGAGAATGCTGTTGTTGTATCGGATGT-TAMRA	*cytb*	124 bp	BJS201904
山羊	山羊	F：GGAGGGAACTGAGGACCTCAGTG R：GGTGTGTGGTTCCCCTCACTG P：FAM-CCTTATTCGGAACCCTCCCCACCCCA-TAMRA	*GH*	121 bp	本文件
绵羊	绵羊	F：CGGAGTAATCCTCCTATTTGC R：CTAGGCTTGTGCCAATATATGGA P：FAM-TATTACCAACCTCCTTT-MGB	*cytb*	137 bp	GB 38164—2019

8.2　三氯甲烷（氯仿）。

8.3　异丙醇。

8.4　*Taq* 酶：5 U/μL。

8.5　UNG 酶（尿嘧啶-N-糖基化酶）。

8.6　70% 乙醇（V/V）。

8.7　NaCl 溶液：1.2 mol/L，灭菌后室温贮存。

8.8　MgCl$_2$ 溶液：2.5 mmol/L，灭菌后室温贮存。

8.9　dNTP 溶液（dGTP、dCTP、dATP、dTTP 或 dUTP）：各 2.5 mmol/L。

8.10　蛋白酶 K 溶液：10 mg/mL，用 X mL 的无菌水或者蛋白酶 K 缓冲液溶解 10X mg 蛋白酶 K 粉末（如用 5 mL 的无菌水或者蛋白酶 K 缓冲液溶解 50 mg 的蛋白酶 K 粉末），涡旋混匀制备成浓度为 10 mg/mL 的蛋白酶 K 溶液，-20℃贮存。

8.11　CTAB 提取液：20 g/L CTAB，1.4 mol/L NaCl，0.1 mol/L Tris-HCl，0.02 mol/L

Na₂EDTA，pH 8.0，灭菌后室温贮存。

8.12　CTAB 沉淀液：5 g/L CTAB，40 mmol/L NaCl，灭菌后室温贮存。

8.13　10×PCR 缓冲液：KCl 100 mmol/L，(NH₄)₂SO₄ 160 mmol/L，MgSO₄ 20 mmol/L，Tris-HCl (pH 8.8)。

8.14　实时荧光 PCR 反应混合液：12.5 μL 反应体系包括 1~2 U 的 *Taq* 酶、2×PCR 缓冲液、2.5~4.0 mmol/L 的 MgCl₂、0.2~1 U 的 UNG 酶、0.2 mmol/L 的 d (A, C, G) TPs、0.2~0.4 mmol/L dUTP、400 nmol/L ROX 染料（某些荧光 PCR 仪不需要 ROX 校正）；也可用等效的实时荧光 PCR 预混液。

9　检测步骤

9.1　样品前处理

9.1.1　乳粉

将样品充分混匀，取 3~6 g，均分成 3 份，分别为测试样品、复检样品和保存样品，并装入离心管或密封袋中，加封后，标明标记，4℃储存。

9.1.2　液态乳

将样品充分混匀，分别取 30~60 mL，均分成 3 份，分别为测试样品、复检样品和保存样品，并装入离心管或密封袋中，加封后，标明标记，4℃储存。

以上前处理过程中应小心操作，确保防止任何交叉污染和样品组分的改变。

9.2　DNA 提取

取处理好的样品（固体 1~2 g，液体 10~20 mL）于 50 mL 离心管中，固体加入 3~5 mL CTAB 提取液，液体加入等体积的 CTAB 提取液，60~100 μL 蛋白酶 K (10 mg/mL)；置于 65℃恒温孵育器中 500~1 000 rpm 振荡孵育 2 h 左右（或 200~300 rpm 振荡孵育过夜）；取出后 13 000 g 离心 10 min，小心用洁净纸刮去表面油脂，转移清液至 50 mL 超速离心管中；加入 0.7 倍体积的三氯甲烷，剧烈振荡混匀，室温下 13 000 g 离心 10 min；每次转移 800 μL 上清液至 1.5 mL 离心管中，每管加入 0.7 倍体积的三氯甲烷，剧烈振荡混匀，室温下 13 000 g 离心 10 min；每次转移 700 μL 上清液至 1.5 mL 离心管中，每管加入等体积 CTAB 沉淀液混匀，13 000 g 离心 10 min；弃上清，加入 350 μL 1.2 mol/L NaCl 溶液，充分溶解沉淀；加入 0.8 倍体积的异丙醇或 2 倍体积-20℃冰箱中预冷的无水乙醇混匀，-20℃放置 0.5~1 h，13 000 g 离心 10~15 min，弃上清，用 70%乙醇洗涤沉淀一次，12 000 g 离心 10 min，弃上清，室温下晾干。每管加入 20~50 μL 双蒸水溶解沉淀，多管合并到 1 管混匀，-20℃保存。也可用等效 DNA 提取试剂盒提取模板 DNA。

9.3　DNA 浓度和纯度的测定

使用核酸蛋白分析仪或紫外分光光度计分别检测 260 nm 和 280 nm 处的吸光值 A260 和 A280。DNA 的浓度按照公式（1）计算：

$$c = A \times N \times 50/1\ 000 \qquad (1)$$

式中：

c = DNA 浓度，单位为纳克每微升（ng/μL）；

A = 260 nm 处的吸光值；

N=核酸稀释倍数。

当 A260/A280 比值在 1.7~2.1 时，适宜于 PCR 扩增。

也可采用全自动微量核酸蛋白浓度测定仪，直接测定 DNA 浓度和纯度。

将 DNA 浓度稀释至 5~10 ng/μL，用于后续实时荧光 PCR 扩增试验。

9.4 实时荧光 PCR 扩增

9.4.1 实验对照的设立

以目标引物探针对应样品的 DNA 溶液作为阳性对照，以非目标成分样品的 DNA 溶液作为阴性对照，以无菌水为空白对照，分别设置 3 个平行，平行反应体系分别进行靶向基因与内参基因扩增，以 Ct 平均值作为最终结果。

9.4.2 反应体系

实时荧光 PCR 反应体系如表 2 所示。

表 2　实时荧光 PCR 反应体系

试剂	体积
实时荧光 PCR 反应混合液	12.5 μL
正向引物（10 μmol/L）	0.5 μL
反向引物（10 μmol/L）	0.5 μL
探针（10 μmol/L）	0.5 μL
DNA 模板（5~10 ng/μL）	5.0 μL
灭菌 ddH$_2$O	6.0 μL

9.4.3 实时荧光 PCR 反应程序

50℃ 2 min；95℃ 10 min；95℃ 15 s，60℃ 1 min，40 个循环。

9.5 质量控制

以下条件有一条不满足时，实验视为无效：

a）空白对照：无荧光对数增长，相应的 Ct 值>40.0。

b）阴性对照：无荧光对数增长，相应的 Ct 值>40.0。

c）阳性对照：有荧光对数增长，且荧光通道出现典型的扩增曲线，相应的 Ct 值≤30.0。

d）哺乳动物质控检测：有荧光对数增长，且荧光通道出现典型的扩增曲线，相应的 Ct 值≤30.0。

9.6 结果判断与表述

9.6.1 结果判定

在符合质量控制的情况下，被检样品进行乳源动物成分检测时：

a）如 Ct 值≤30，则判定被检样品阳性。

b）如 Ct 值≥35，则判定被检样品阴性。

c）如 30<Ct 值<35，则重复一次。如再次扩增后 Ct 值仍为<35，则判定被检样品

阳性；如再次扩增后 Ct 值≥35，则判定被检样品阴性。

9.6.2　结果表述

　　a）样品阳性，表述为"检出 XX 源性 DNA 成分"；

　　b）样品阴性，表述为"未检出 XX 源性 DNA 成分"。

10　防止污染措施

防止污染措施应符合 GB/T 27403 附录 D 的规定。

附录 A
（资料性）
扩增靶标参考序列

A.1 哺乳动物 *GH* 基因扩增靶序列（山羊 GeneBank：KU288612.1，绵羊 GeneBank：EF077162.1，家牛 GeneBank：M57764.1）

CTCAGCAGAGTCTTCACCAACAGCCTGGTGTTTGGCACCTCGGACCGTGTCTATGAGAAGCTGAA GGACCTGGAGGAAGGCA

A.2 牛 *GH* 基因扩增靶序列（家牛 GeneBank：M57764.1，水牛 GeneBank：JF894306.1，牦牛 GeneBank：AY271297.1）

GTTGCCAGCCATCTGTTGTTTGCCCCTCCCCCGTGCCTTCCTTGACCCTGGAAGGTGCCACTCCCA CTGTCCTTTCCTAAT

A.3 羊 *GH* 基因扩增靶序列（山羊 GeneBank：KU288612.1，绵羊 GeneBank：EF077162.1）

TGCCAGCCATCTGTTGTTACCCCTCCCCGTGCCTTCCTAGACCCTGGAAGGTGCCACTCCAGTGCC CACTGTCCTTTCC

A.4 山羊 *GH* 基因扩增靶序列（GeneBank：KU288612.1）

GGGAGGGAACTGAGGACCTCAGTGGTATTTTATCCAAGTAAGGATGTGGTCAGGGGAGTAGAAATGGGGGTGTGTGGGGTGGGGAGGGTTCCGAATAAGGCAGTGAGGGGAACCACACACC

A.5 绵羊 *cytb* 基因扩增靶序列（GeneBank：KU899144.1）

CGGAGTAATCCTCCTATTTGCGACAATAGCCACAGCATTCATAGGCTACGTCTTACCATGAGGACAAATATCATTCTGAGGAGCAACAGTTATTACCAACCTCCTTTCAGCAATTCCATATATTGGCACAAGCCTAG

A.6 家牛 *GH* 基因扩增靶序列（GeneBank：M57764.1）

GCAGGCATGCTGGGGATGCGGTGGGCTCTATGGGTACCCAGGTGCTGAAGAATTGACCCGGTTCCTCCTGGGCCAGAAAGAAGCAGGCACATCCCCTTCTCTGTGACACACCCTGTCCACGCCCCTGGT TCTTAG

A.7 牦牛 *cytb* 基因扩增靶序列（GeneBank：MT975686.1）

CGTCTCGGCAGATATGGGCAACGGAGGAGAATGCTGTTGTTGTATCGGATGTGTAGTGTATTGCTAGGAATAGGCCTGTGAGGATTTGTAGGATTAAGCATACTCCTAGGAGGGAGCCGAAGTT

A.8 水牛 *cytb* 基因扩增靶序列（GeneBank：MH718885.1）

TTCATTGATCTCCCTGCTCCATCAAACATCTCATCATGATGAAACTTTGGCTCTCTCCTAGGCATC TGCCTAATTCTGCAAATCCTCACCGGCCTATTCC